高寒江河源区水文多要素变化特征与模拟研究

杨 涛 王 超 著

科学出版社

北 京

内 容 简 介

本书建立了基于 GRACE 重力卫星和全球陆面数据同化系统 GLDAS 的水文要素变化特征分析技术，构建了利用 VIC 模型模拟高寒区径流、蒸散发、冻土、土壤含水量等水文循环要素的方法，揭示了源区冻土变化和蒸散发变化对径流过程的影响机制。全书共 6 章，第 1 章主要介绍了本书的研究背景及意义和研究历史与现状；第 2 章主要介绍了 GRACE 重力卫星反演流域水储量变化的基本原理及方法，模拟并分析了研究区陆地水储量的月变化以及年际变化；第 3、4 章分别讨论了基于 GRACE 重力卫星和 GLDAS 模型、实测资料的水文要素时空变化特征，并探讨了多种关键水文要素对流域出口径流的影响机制；第 5 章重点介绍了 VIC 模型蒸散发、土壤含水量及冻土模块的计算方法，从模型模拟角度分析了水文要素对流域出口径流的影响；第 6 章总结了当前研究中的技术创新和重要结论，针对研究存在的不足提出了进一步的展望。

本书可供水文水资源学科、农业工程及水利工程等学科的科研人员、大学教师、研究生和本科生，以及水资源管理领域的技术人员阅读参考。

图书在版编目(CIP)数据

高寒江河源区水文多要素变化特征与模拟研究/杨涛，王超著. —北京：科学出版社，2016.5

ISBN 978-7-03-048137-5

Ⅰ.①高⋯ Ⅱ.①杨⋯ ②王⋯ Ⅲ.①黄河流域–水文学–研究 Ⅳ.①TV882.1

中国版本图书馆 CIP 数据核字(2016) 第 091602 号

责任编辑：胡 凯 周 丹 王 希 / 责任校对：邹慧卿
责任印制：张 倩 / 封面设计：许 瑞

科学出版社 出版

北京东黄城根北街 16 号
邮政编码：100717
http://www.sciencep.com

中国科学院印刷厂 印刷

科学出版社发行 各地新华书店经销

*

2016 年 6 月第 一 版 开本：720×1000 1/16
2016 年 6 月第一次印刷 印张：7
字数：142 000

定价：68.00 元
(如有印装质量问题，我社负责调换)

前　　言

　　高寒江河源区位于世界屋脊，是全世界海拔最高的地区之一，气候变暖对高寒江河源区水文要素特征、水文循环及水资源时空分布有着十分显著的影响。然而，该地区水文气象测站少、冻土分布广泛、水文要素作用机制复杂，同时对气候变化响应非常敏感，这些大大限制了高寒江河源区水文模拟的精度。针对这些难题，星地联合观测的优势以及基于栅格数据的水文模型引起了国内外众多学者的注意。

　　GRACE (Gravity Recovery and Climate Experiment) 重力卫星计划为研究地球系统陆面水循环提供了重要的数据支撑。结合全球陆面数据同化系统 GLDAS(Global Land Data Assimilation System)，可分析重力卫星观测反演的陆面水储量的年内和年际变化特征及空间分布特征。VIC(Variable Infiltration Capacity) 模型可同时考虑水量平衡及能量平衡，考虑积雪融雪及土壤冻融过程，同时考虑冠层蒸发、植被蒸腾以及裸土蒸发，可实现高寒源区水文过程较高精度的模拟。采用先进的星地观测数据以及分布式水文模型，对揭示高寒源区水文要素时空高精度模拟及其对径流的响应机制有着十分重要的研究意义，并为高寒区水资源开发利用提供重要的科学依据。

　　本书以黄河源区为例，在实测降水、气温、径流基础上，结合GRACE重力卫星反演的陆面水储量变化，借助多种数理统计手段，分析了重力卫星观测反演的陆面水储量的年内和年际变化特征以及空间分布特征；探讨了降水、蒸散发、径流以及冻土变化与陆面水储量变化的关系。同时考虑流域水量平衡和能量平衡，利用分布式 VIC 模型模拟黄河源区径流、蒸散发、冻土、土壤含水量等水文循环要素，结合相关性分析和多时段季节性趋势检验，揭示源区冻土变化和蒸散发变化对径流过程的影响机制。

本书的主要内容来自第一作者近几年来的研究成果，本书出版得到了国家自然科学基金重点项目"气候变化下黄河源区区域水循环模型与不确定性研究"(50807711) 和中国科学院百人计划创新项目"气候变化条件下干旱区河流灾害事件的形成机制与预测"(Y17C061001) 等项目资助。限于作者水平，书中难免存在疏漏和不足，敬请读者批评指正。

著　者

2016 年 4 月

目　　录

第1章 绪 论

1.1 研究背景及意义

1.1.1 研究背景

21世纪以来,全球气候变化加剧[1]。20世纪70年代以来热带地区降水减少,30°N以北地区降水增加。高纬度地区径流量有增加趋势,而全球主要流域的径流没有显著的长期趋势性变化。

高寒江河源区位于世界屋脊,是全世界海拔最高的地区之一,总面积约60万km²,是我国五大江河——长江、黄河、澜沧江、怒江和雅鲁藏布江的发源地,被誉为"高原水塔",是我国主要水资源来源区和战略储备区,蕴藏着丰富的水能资源。其中黄河源区地处青藏高原东北部,集水面积为12.2万km²,只占黄河流域面积的16.2%,而多年平均径流量却占黄河总径流量的1/3以上,是黄河的重要产水区,提供了黄河总水量的49%,被形象的称为"黄河水塔",是受气候变化影响最为典型的河源区,也是高寒江河源区五大江河中唯一一条流经中国北方河流的河源区。因此,在本书中,将黄河源区水文要素的变化作为高寒河源区典型代表进行研究,研究成果可为高寒区水资源开发利用提供重要的科学依据。

黄河是我国第二大河,为我国西北地区和华北地区的重要水源。黄河源区指黄河干流唐乃亥水文站以上的流域,位于青藏高原东北部95°50′~103°30′E,32°30′~35°00′N,区域面积约12.2万km²,地势西高东低,海拔3000~5000m,占黄河流域总面积的16.2%,产流高于黄河总径流量的35%。(图1.1)。

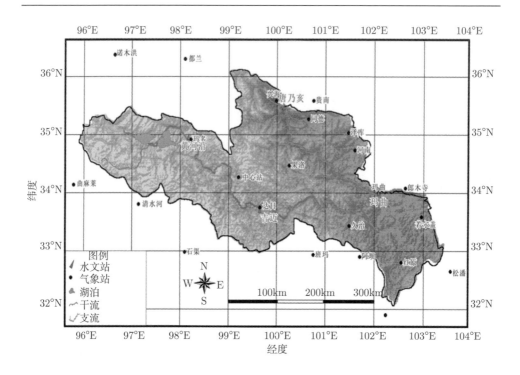

图 1.1 黄河源区流域图

　　黄河源区属于青藏高原亚寒带那曲果洛半湿润区和羌塘半干旱区,
具有典型的高原大陆性气候特征。源区气温由东向西随着海拔升高而降
低,东北部兴海、同德和东南部久治为气候高值区,多年平均气温在 0°C
以上,是源区热量条件相对较好的地区,其中兴海县年平均气温最高,达
1.4°C。多年平均气温次高区为河南、达日县,多年平均气温在 −1.0°C 左
右。气候低值区为甘德、曲麻莱和泽库县,多年平均气温约为 −2.0°C,为
源区热量条件最差的地区。源区多年平均降水量 484.2mm,降水主要来
源于孟加拉湾暖湿气流带来的印度洋水汽。降水主要集中在 6~9 月,这
4 个月的降水大约占到全年降水的 75%~90%。受西南季风影响及地形作
用,源区降水量分布由东南向西北逐渐减少。其中果洛州东南部久治县
多年平均降水量最多,达 748.4mm,其次为河南、达日、甘德和称多县,
多年平均降水量约 500.0mm,玛多和兴海地区多年平均降水量最低,约
321.6mm。源区降水多为降雪和暴雨形式,干湿季节分明,水热同期,气

候高寒干燥，但光照充足，年日照时数在 2450~2800h[2,3]。

黄河源区的地形地貌复杂，以海拔 4000m 以上的高山、丘陵台地和平原三大基本地貌类型为主。植被类型多样，具有高寒草甸、高寒草原、高寒灌木丛、高山泥石流稀疏植被以及沼泽、水生植物等多种植被类型，形成森林、草原、草甸、湿地、沙地和农田等多样的生态系统。区内湖泊、沼泽众多，河流切割作用小。源区多年平均河川径流量为 232.42 亿 m^3，主要的径流补给源包括降水和冰雪融水，占源区河川径流量的 95.9%。

在我国所有一级流域中，黄河流域冰川分布数量最少，冰川规模最小。黄河源区现代冰川主要发育在海拔较高的阿尼玛卿山，主峰区玛积雪山海拔 6282m。雪线处 (海拔 4900~5000m) 年降水量 700~900mm，年平均气温 -9.2~$-7.5°C$。源于阿尼玛卿山两侧的切木曲和曲什安河两支流上游共发育大小冰川 59 条，面积 126.2km^2，冰储量 10.82km^3，分别占黄河源区冰川总面积和总储量的 96% 和 95%。受气候变暖影响，源区冰川处于萎缩状态，1969~2000 年源区冰川面积减小了 17.3%[4]。黄河源区冰川数量少，面积小，冰川融水对冰川集中发育的切木曲和曲什安河的冰川融水径流占 74%，但只占唐乃亥水文站多年平均径流量的 1.9%，因此本书忽略冰川融水对黄河源区的影响。

1.1.2 研究意义

气候变化改变了高寒江河源区降雨及下垫面特征，也改变了高寒江河源区产流过程以及水资源时空分布。黄河源区径流量在 20 世纪 90 年代以来发生了明显的减少，已引起社会的广泛关注。针对径流减少的原因，目前已经开展了许多研究，一般认为是受气候变化特别是降水和地表气温变化的影响，其中一致认为降水量和降水强度直接影响源区的径流变化，但在气温升高对径流的影响方面存在着不一致的观点。黄河源区平均降水量在 20 世纪 90 年代偏少，在 2002 年以后又偏多，而径流量在 20 世纪 90 年代以来持续偏低。对 2002 年以后源区径流仍然持续偏低情况有两种观点：一种观点认为降雨虽然增加，然而由于变暖导致蒸散发也同时增加，所以径流量并未增加；另一种观点认为源区多年冻土活动层的加大和加厚导致流域内有更多的地表水下渗补给地下水，造成水储量的增加，所以在降雨增加的条件下径流没有显著增加。

黄河源区是高寒江河源区中受气候变化影响较为突出的典型，黄河源区水文生态环境对气候变化非常敏感，在全球变化的背景下出现了冰川消融、冻土退化、草甸沙化等一系列生态环境问题。研究黄河源区水资源变化的特征及原因，探讨源区降水变化以及下垫面变化对源区径流变化的影响，对预测黄河源区水资源量对气候变化的响应，合理开发利用水资源，实现科学调配具有重要意义。

1.2　研究历史与现状

本书中，将黄河源区水文要素的变化作为高寒河源区典型代表进行研究，因此以下研究历史与现状将侧重于黄河源区的研究情况。

1.2.1　径流变化特征研究

黄河源区位于青藏高原东北部，在全球变暖背景下，青藏高原比周边地区增温更加迅速[5]，导致水文循环强度加大，引起水资源的重新分配。从 20 世纪 70 年代开始黄河下游逐渐演变为季节性河流，进入 90 年代后断流更为严重，这与下游水资源过度开发利用有关，与源区径流量减少也密切相关。

黄河源区黄河沿水文站自有资料以来就记录了多次源区断流事件：如 1960 年 12 月 10 日 ~1961 年 3 月，1979 年 12 月 20 日 ~1980 年 3 月，1996 年 2 月 2~29 日，1998 年 1~2 月，1998 年 10 月 20 日 ~1999 年 6 月 3 日，1999 年 12 月 ~2000 年 3 月，2000 年 12 月 ~2001 年 3 月[6,7]。黄河沿水文站资料统计表明，1988~1996 年 9 年间年平均径流量比过去 34 年平均减少了 23.2%[8]。这一时期径流量减少与降水量减少以及气温升高带来的蒸散发量的增加密切相关[6,8]，与年径流的周期性变化也有一定的关系[6]。另外，鄂陵湖、扎陵湖的环湖融区调蓄能力低，连续干旱时期，冬季调节水量不足以维系黄河径流也是导致源区发生断流的原

因 [9]。由于黄河源区平均海拔在 3000m 以上，地势较高，气候严寒，空气稀薄，不利于人类生存，源区相应人口密度很低，人类活动强度小，所以与水资源过度开发利用引起的黄河下游断流不同，人类活动不是导致源区径流量减少的主要原因 [6,10]。

目前，有较多研究对源区径流变化原因展开了探讨。考虑大尺度环流形势的影响，王根绪等研究表明，20 世纪 90 年代以来 ENSO 暖事件频率的增加与黄河源区汛期降水减少密切相关 [11]。黄河源区年径流总量主要由汛期 (夏季) 径流量贡献，汛期径流量减少是黄河源区进入 20 世纪 90 年代以来径流量减少的主要原因，而汛期径流量减少又与汛期降水量减少以及气温升高引起的蒸发量加大密切相关 [12,13]；另外，降水强度的变化也可能是导致径流量减少的重要原因。进入 90 年代以后，黄河源区汛期和全年降水强度均有减弱，进而导致降水后直接径流出现时间变长，更多降水渗入土壤中，径流系数变小 [14,15]。

1.2.2 冻土变化特征研究

黄河源区位于青藏高原多年冻土区东北部边缘季节冻土和多年冻土相互交错的过渡带内，属于中纬度高海拔多年冻土区。此处季节冻土、岛状多年冻土和连续多年冻土并存。区内多年冻土分布主要受海拔控制，局部地质地理因素也起一定影响。冻土平面上分布较复杂，垂向上分布形式多样。图 1.2 为中国科学院寒区旱区环境与工程研究所根据 1983~1995 年期间的资料整理编绘的 1:300 万青藏高原冻土图 [16] 显示的黄河源区冻土分布。由图 1.2 可见，黄河源区西北部，即源区上游地区，主要分布着连续多年冻土，其余部分以连续季节性冻土为主，中部分布着片状多年冻土。

20 世纪 80 年代以来，源区以 0.02°C/a 的趋势持续增温，加之人类经济活动增强，区内地下水位持续下降、草场退化和地表荒漠化迅速扩展，地表植被覆盖度减小，融化层内地温增温速率快，源区冻土呈区域性退化状态。冻土退化主要表现为连续多年冻土分布面积缩小，季节冻土和融区面积扩大；源区多处发现垂向上非连接的多年冻土层，其埋藏深

度也在逐年加深，中间的融化夹层逐渐增厚；区内钻孔、试坑及民井等
资料显示，目前冻土下界较 20 世纪 80 年代前普遍上升 50~80m；玛多气
象站资料显示，20 世纪 80 年代期间平均最大季节冻深 2.35m，而 20 世
纪 90 年代期间其平均值为 2.23m，冻结深度减少了 0.12m。浅层地下水
温度普遍上升了 0.5~0.7°C，表明同深度处地温也在升高 [17]；原冻土下
界附近的多年生冻胀丘目前已消融坍塌，而在相对较高部位又发育新生
冻胀丘 [18]。源区多年冻土总体由大片连续状分布逐渐变为岛状、斑状，
冻土层变薄，面积缩小，部分斑状冻土消融为季节冻土，其退化速度东
部比西部更明显。气温升高是源区冻土退化的最基本原因。

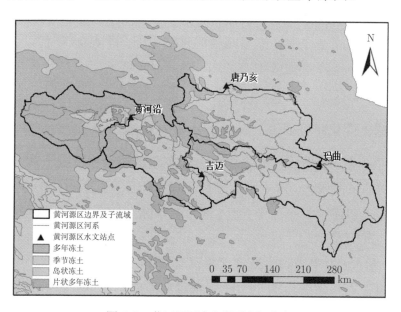

图 1.2　黄河源区冻土类型空间分布

　　目前黄河源区冻土含水量和深层土壤湿度观测资料缺乏。黄河源区
部分地点不同深度土壤含水量特征如表 1.1 所示。详细变化过程参考相
应文献。图 1.3 和图 1.4 分别给出了黄河源区不同深度土壤孔隙度 [19]
和田间持水量 [20] 空间分布。黄河源区土壤孔隙度在 45% 以上，田间持
水量在 20%~30%。表 1.1 表明黄河源区土壤越往深处含水量越低，且大
多数区域低于田间持水量，与存在过饱和固态水的北极流域 (如 Adam 等

表 1.1 黄河源区部分地点不同深度土壤含水量特征

地点[1]	经度	纬度	深度范围/cm	时间范围[2]	土壤含水量范围/%[3]	冻土厚度/m
达日县 (○)	99°30′E	33°40′N	10~80	2005.11~2006.02	12	
			10~30	2006.03~2006.06	30	
			40~80	2006.07~2006.11	32	
			20		45	—
三江源自然保护区实验区 1(+)	100°50′E	34°57′N	40~60	2007.04~2007.10	10	
			80		8	
三江源自然保护区实验区 2(*)	100°51′E	35°15′N	20		10	
			60~80		5	
三江源自然保护区实验区 3	100°39′E	35°12′N	20~80	2007.04~2007.05	5	
				2007.06~2007.10	10	
× 查拉坪	97°50′E	34°15′N	20~40	2011.10~2011.11	70	70~80
				2011.11~2011.12	40	
			80~120	2011.09~201112	4	
□ 扎陵湖	97°20′E	34°40′N	40~80	2011.10~201112	45	30~50
				2011.12~2012.02	15	
			120~160	2011.10~2012.02	5	

续表

地点 [1]	经度	纬度	深度范围/cm	时间范围 [2]	土壤含水量范围/% [3]	冻土厚度/m
◇麻多乡	96°25′E	34°55′N	40	2011.09~2011.10	70	15~30
				2011.10~2011.12	30	
			80~120	2011.12~2012.01	4	
				2011.09~201111	40	
				2011.11~2012.01	20	
			160~200	2012.01	14	
				2011.09~2012.01	1	

1 后文图 1.4(g) 中给出了与地点名后标记对应的不同地点的位置标记;
2 表示为起止年 (y) 月 (m) 形式 yyyy.mm ~ yyyy.mm;
3 用体积含水率表示。

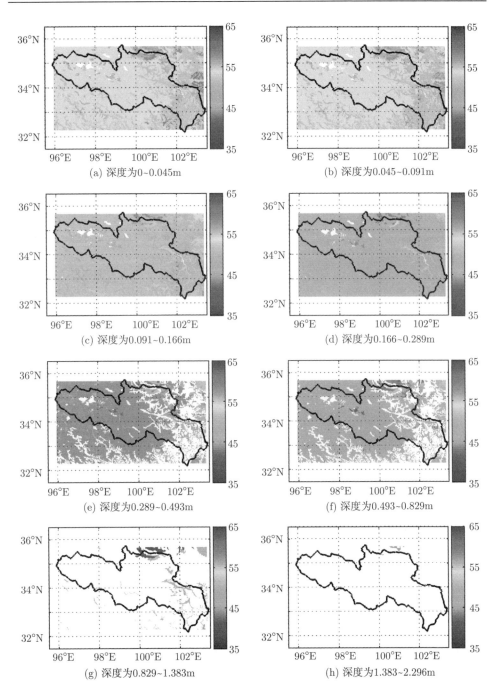

(a) 深度为0~0.045m

(b) 深度为0.045~0.091m

(c) 深度为0.091~0.166m

(d) 深度为0.166~0.289m

(e) 深度为0.289~0.493m

(f) 深度为0.493~0.829m

(g) 深度为0.829~1.383m

(h) 深度为1.383~2.296m

图 1.3 黄河源区不同深度土壤孔隙度分布 (土壤孔隙度单位: %)

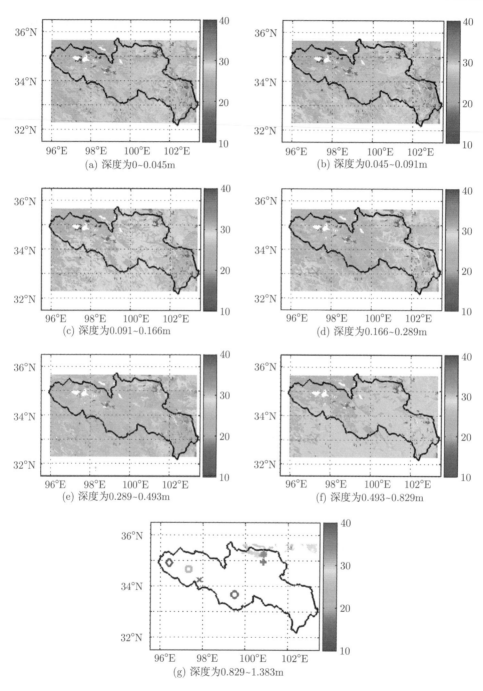

图 1.4   黄河源区不同深度土壤田间持水量分布 (土壤田间持水量单位: %)

(2007，2008) 研究的勒拿河，叶尼塞河流域 [21,22]) 不同，源区大部分地区下垫面处于缺水状态，较上层含水量较高的多年冻土退化可能使多年冻土的隔水作用消失，使得深部含水量较低的土层成为活动层，从而有更多的地表水补给地下水，造成流域地下水水库的储水量增加，导致冬季径流增加。

1.2.3 冻土和蒸散发变化对径流的影响研究

直接影响径流量的主要因素有降水、蒸散发和下垫面特征 [23,24]。降水对径流量的影响不仅与降水总量有关，而且与降水的形式 (包括固态降水和液态降水)、降水强度、降水量的年内分配以及空间分布模式有关。蒸散发对径流量的影响主要体现在蒸散发量、蒸散发时空分布上。下垫面对径流的影响主要体现在对径流的调蓄作用上，这主要与土地覆盖和土壤质地结构有关。对于黄河源区，高寒植被退化改变了下垫面对径流的调节能力，而多年冻土的退化导致的永冻层的下移，可能使土壤蓄水能力增加，从而影响产汇流过程 [25]。

多年冻土作为不透水层，对流域产汇流过程有直接作用，可导致河川径流表现出较大的地表直接径流和较小的地下径流 [26]。流域多年冻土覆盖率与最大和最小月径流的比值之间存在较好的正相关关系 [27]。20世纪 50 年代以来，冻土覆盖较大的北极主要河流，如育空河、勒拿河、叶尼塞河和鄂毕河的冬季径流均表现出不同程度的增加趋势 [28]，同期的冻土表现出退化趋势 [29]。在高原冻土覆盖区，青藏高原拉萨河流域也观测到伴随着冬季气温升高的冬季径流增加现象 [30]。另外，在东北海拉尔河流域 [31]，也观察到冬季径流增加的现象。研究推测冬季径流增加过程可能与多年冻土的退化有关。

Shanley 和 Chalmers 发现冻土能够减少降水和融雪径流下渗和对地下含水层的补给，缩短降水-径流响应时间，增加径流系数 [32]。Bayard 等同样发现积雪覆盖较薄时，季节冻土冻结深度较深，冻土可以减少冰雪融水的下渗，增加侧向径流量 [33]。Wang 等研究了青藏高原永久冻土流域活动层季节性冻融对地表径流的影响，发现 60cm 深度以内的冻土融化会增加径流量,而深度超过 60cm 的冻土融化会减少地表径流量,并且减缓径流退水过程[34]。Bense 等发现,冻土融化使得永久冻结层下移,导致潜水含水层系统逐渐发育,使得枯水期径流增加。剩余永久冻结层的突然消失会导致深层地下水流系统的形成,即使气温维持现状不变,后期基流也可能加速增加[35]。气温升高,活动层厚度增加,地下水向地表径流的排泄增加[36]。冻土退化使得汇流路径和滞时延长,增加下垫面调蓄能力,降低径流季节性差异[37]。

多年冻土退化的水文效应可以概括为:多年冻土退化导致流域下垫面活动层加厚,在多年冻土退化完全或者达到某种平衡状态时,相比于退化前,流域下垫面蓄水能力增加,对径流的调蓄作用加强,地下水蓄水库蓄量以及库容的增加使得有更多的基流补给冬季径流,使得冬季径流退水过程减缓。需要加以区分的是,如果在冻土融化前,土壤含水量(固态水与液态水之和)高于土壤液态水蓄水容量,则在冻土退化的过程中会有多于土壤液态水蓄水容量的液态水释出补充径流量,会导致月径流过程有显著的增加趋势,如 Adam 等研究的北极勒拿河、叶尼塞河流域[22]。如果在冻土融化前,土壤含水量(固态水与液态水之和)低于土壤液态水蓄水容量,那么多年冻土退化将会导致在一定时期内流域下垫面缺水量增加,流域陆面水储量在该段时期内将会表现出增加的趋势,而径流不会有明显的增加。

蒸散发是联系水分和热量的重要中间过程,对于气温升高背景下蒸散发变化对径流的影响,目前仍存在较大的争议,这主要是因为目前尚缺乏有效的实际蒸散发观测方式,而蒸发皿蒸发与实际蒸散发之间的关系仍在讨论之中。不少研究者根据气温升高推论源区蒸散发量增大,径流量减少。但是气温升高与水面蒸散发量之间并没有密切相关关系,实际蒸散发还受其他因素的影响,黄河源区 20 世纪 90 年代以来径流量的减少与气温的直接关系不大[14,38],但是可能受气温变化的间接影响。周德刚等在解释 20 世纪 90 年代以来黄河源区径流量减少时认为,降水量的减少和降水强度的减弱是黄河源区径流减少的重要原因,而蒸散发量变化不大,另外 20 世纪 80 年代以来的冻土退化也可能使土壤水向深层渗漏增加，进而导致径流的减少[15]。然而，在解释 2002 年以后降雨量逐渐增加，而径流量仍处于较低水平时，周德刚等基于陆面模式模拟结果认为，源区蒸散发受气温和降水量两方面影响，2002 年以后降水量增加主要发生在较干旱的地区，增加的降水量主要转变为蒸发量；而在源区较湿润的地区，蒸散发量主要受能量控制，快速增温使此区域蒸散发明显增加，故产流在 2002 年后仍然偏少[39]。陆面模式计算结果能较好地解释 2002 年以后降水量增加但径流量仍偏少的现象，但是陆面模式计算的蒸散发量并无实测资料验证；同时，陆面模式认为土壤含水量变化微弱，这一结果同样缺乏实测资料验证，并且与源区冻土退化可能导致的土壤蓄水能力增加矛盾[39,40]。

也有部分研究利用 GRACE 重力卫星数据研究了源区水储量和蒸散发变化。GRACE 反演的黄河源区陆面水储量变化结果首先出现在钟敏等反演的中国区域陆面水储量变化中，结果显示出黄河源区域陆面水储量有增加趋势[41]。另外，许民等基于 GRACE 数据反演了 2003~2008 年源区陆面水储量变化，并且使用水量平衡方法估算了源区实际蒸散发量，结果表明源区陆面水储量表现出增加趋势，而估算的蒸散发量表现出减少趋势[40]，与周德刚等的研究结果不完全吻合。

黄河源区是典型的高寒冻土区，气候变暖已经导致多年冻土和季节性冻土出现退化现象，冻土退化导致永冻层下移，增加了流域下垫面的下渗及蓄水能力，从而改变流域径流过程。同时，气温升高会导致蒸散发量增加和径流量减小。目前，对冻土和蒸散发量变化在冻土覆盖面积比例、年降水量等下垫面和气候特征不同的区域的径流效应认识仍不清楚。研究气候变化背景下水文循环变化的驱动机制受到科学界日益重视。尽管有研究探索了黄河源区径流变化规律，从降水和蒸散发变化角度解释了径流变化的原因，但未见变化环境下蒸散发和冻土变化对径流影响的研究报道。研究黄河源区径流变化的特征及原因，对理解气候变化背景下高原区域冻土退化的水文效应，冻土退化和蒸散发变化协同作用下的径流响应机理，以及预测气候变化条件下黄河流域水资源量变化具有重要意义。

第2章　高寒江河源区陆面水储量变化特征

2.1　GRACE 重力卫星反演流域水储量变化的基本原理及方法

2.1.1　时变地球重力场与地球表面质量变化

地球系统是一个非恒定、非均质的动力学系统，其物质和能量分布是随时间和空间不断变化的。地球系统的物质迁移与转化会导致不同时空尺度的地球系统质量的重新分布，进一步又导致不同时间和空间尺度的地球重力场变化。基于此，利用足够时空分辨率和精度的重力场观测量就可以反演地球系统的物质重新分布和转化。空间对地观测技术的发展使得卫星遥感重力测量成为可能，为探测地球重力场变化，研究地球系统质量的迁移和转化及全球变化提供了全新的手段。

GRACE (Gravity Recovery and Climate Experiment) 重力卫星计划由美国宇航局 (National Aeronautics and Space Administration, NASA) 和德国空间飞行中心 (Deutsches Zentrum für Luft- und Raumfahrt, DLR) 联合发起，旨在观测高分辨率、高精度时变地球重力场模型以研究全球变化 [42]。Wahr 等论述了利用时变地球重力场模型估算陆面质量迁移以及海平面高程变化等的方法，并对去除海洋、大气以及地球固体潮的影响进行了理论探讨 [43]。Swenson 和 Wahr 提出采用 GRACE 数据反演区域表面质量变化的方法，并对提高精度的数据处理方法以及误差估算方法进行了讨论 [44]。Wahr 使用 GRACE 最初 11 个月的重力场模型与传统重力测量卫星结果进行对比，发现 GRACE 可以显著提高地球重力场的反演精度 [45]。Tapley 等研究表明 GRACE 数据可以反演空间分辨率达 400km，精度达 2~3mm 的大地水准面 [46]。Rodell 等验证了 GRACE 数据探测陆面水储量变化的能力及优越性，分别在全球和流域尺度进行了

GRACE 数据估算陆面水储量的实验研究 [47]。Chen 等研究了 GRACE 反演时变重力场的空间敏感性 [48]，在此基础上分析了低阶项球谐系数对 GRACE 估算陆面水储量的影响，研究了采用卫星激光测距得到的低阶项系数代替 GRACE 的低阶项球谐系数对提高 GRACE 反演精度的作用 [49]。Rodell 等基于实测降水量、径流量以及水量平衡方法，提出了利用 GRACE 陆面水储量研究陆面实际蒸散发量的方法 [50]。Rodell 等进一步提出采用 GRACE 陆面水储量和 GLDAS 模拟的土壤含水量和冰雪水量解算流域地下水储量的方法，并以密西西比河流域进行了试验研究，结果表明在密西西比河流域以及小于 50 万 km^2 的子流域，GRACE 数据的计算结果具有较高的精度 [51]。

在较小时间尺度的物质迁移运动研究中，陆面水储量分布及其变化的信息对研究全球变化有着重要的意义。GRACE 重力卫星计划为我们提供阶次数达到 60、时间分辨率 1 月、空间分辨率 300km 的时变地球重力场模型。相比于之前的重力卫星计划，GRACE 重力卫星获取的高精度、高时空分辨率时变地球重力场模型为研究地球系统的物质 (在 1 月的时间尺度上主要是水循环) 和能量循环提供了重要的数据支撑。

本章主要阐述利用 GRACE 时变地球重力场模型反演地球表面质量变化的基本原理和方法，并就各项同性高斯滤波方法在降低高阶项误差、高斯滤波器宽度的意义及其选取、GRACE 时变重力场高阶项截断阶数的选择等关键性技术问题上进行探讨。然后在此基础上，反演研究区陆面水储量变化。图 2.1 为研究中使用 GRACE 时变重力场模型反演黄河源区陆面水储量变化过程的流程图。

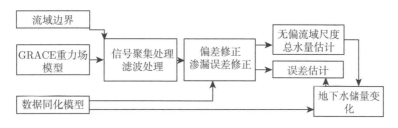

图 2.1 基于 GRACE 时变重力场模型反演陆面水储量及地下水储量变化技术流程

2.1.2　利用时变地球重力场模型推求地球表面质量变化

地球重力场的变化可以反映地球系统物质的迁移、转化及重新分布，重力场随时间的变化主要是由冰期后地壳回弹、大气运动以及海洋和陆地的不同相态的水的运动所引起的。GRACE 重力卫星提高了重力观测的精度和时空分辨率，为我们提供了 120 阶的描述地球重力场的椭球谐系数 (斯托克斯系数) 的月平均值，即时变地球重力场模型，从而使得研究地球各圈层间的质量迁移成为可能。

通常用大地水准面表示地球重力场，大地水准面高可以表示为球谐级数展开形式：

$$N(\theta, \lambda) = a \sum_{l=0}^{\infty} \sum_{m=0}^{l} (\bar{C}_{lm} \cos m\lambda + \bar{S}_{lm} \sin m\lambda) \bar{P}_{lm}(\cos \theta) \tag{2.1}$$

式中，a 为地球平均半径；θ 和 λ 分别为地心余纬和地心经度；l 和 m 为球谐级数展开的阶数和次数；$\bar{C}_{lm}$ 和 $\bar{S}_{lm}$ 为完全规格化球谐系数，即重力位系数；$\bar{P}_{lm}(\cos \theta)$ 为完全规格化缔合勒让德函数。

通常，地球重力场模型都为我们提供一定阶次的 $\bar{C}_{lm}$ 和 $\bar{S}_{lm}$ 球谐系数值，GRACE 地球重力场模型就可以提供时间分辨率近似 1 月的大约 120 阶的球谐展开系数。

地球表面物质运动会引起大地水准面高的变化 ΔN，这种变化可以是一个时段相对于另一个时段的大地水准面高变化，也可以为各时段的大地水准面高相对于某一长时段平均大地水准面高的变化，即各时段大地水准面高异常。ΔN 可以表示为

$$\Delta N(\theta, \lambda) = a \sum_{l=0}^{\infty} \sum_{m=0}^{l} (\Delta \bar{C}_{lm} \cos m\lambda + \Delta \bar{S}_{lm} \sin m\lambda) \bar{P}_{lm}(\cos \theta) \tag{2.2}$$

式中，$\Delta \bar{C}_{lm}$ 和 $\Delta \bar{S}_{lm}$ 为大地水准面位系数变化，可以表示为

$$\left\{ \begin{array}{c} \Delta \bar{C}_{lm} \\ \Delta \bar{S}_{lm} \end{array} \right\} = \frac{3}{4\pi a \rho_{a}(2l+1)} \int \Delta \rho(r, \theta, \lambda) \bar{P}_{lm}(\cos \theta)$$

$$\cdot \left(\frac{r}{a}\right)^{l+2} \left\{ \begin{array}{c} \cos m\lambda \\ \sin m\lambda \end{array} \right\} \sin\theta \mathrm{d}\theta \mathrm{d}\lambda \mathrm{d}r \tag{2.3}$$

式中，$\rho_{\mathrm{a}} = 5517\mathrm{kg/m^3}$ 为地球平均密度；$\Delta\rho(r,\theta,\lambda)$ 为地球物质体密度变化，并假定其主要集中在地球表面厚度为 H 的一薄层内，这一薄层内的质量变化主要由地球表面圈层中大气、冰盖、海洋以及地下水运动所引起。

从 GRACE 时变地球重力场模型的高阶项上，观测误差及系统噪声占主要成分，实际应用中忽略模型高阶项对地球表面质量变化反演的贡献。对重力场模型进行高阶项截断，取 $l < l_{\max}$。假定发生质量变化的表面圈层厚度 H 足够小，使得 $(l_{\max} + 2)H/a \ll 1$，则式 (2.3) 中 $r \approx a$，因此可用面密度 $\Delta\sigma(\theta,\lambda)$ 代替体密度 $\Delta\rho(r,\theta,\lambda)$，两者关系为

$$\Delta\sigma(\theta,\lambda) = \int \Delta\rho(r,\theta,\lambda)\mathrm{d}r \tag{2.4}$$

式 (2.3) 变为描述表面薄层物质变化引起的大地水准面变化：

$$\left\{ \begin{array}{c} \Delta\bar{C}_{lm} \\ \Delta\bar{S}_{lm} \end{array} \right\}_{\mathrm{mass}} = \frac{3}{4\pi a\rho_{\mathrm{a}}(2l+1)} \int \Delta\sigma(\theta,\lambda)\bar{P}_{lm}(\cos\theta) \left\{ \begin{array}{c} \cos m\lambda \\ \sin m\lambda \end{array} \right\} \sin\theta \mathrm{d}\theta \mathrm{d}\lambda \tag{2.5}$$

在物质运动的同时，固体地球受物质重新分布影响会产生形变，引起大地水准面的球谐系数变化：

$$\left\{ \begin{array}{c} \Delta\bar{C}_{lm} \\ \Delta\bar{S}_{lm} \end{array} \right\}_{\mathrm{deform}} = \frac{3k_l}{4\pi a\rho_{\mathrm{a}}(2l+1)} \int \Delta\sigma(\theta,\lambda)\bar{P}_{lm}(\cos\theta) \left\{ \begin{array}{c} \cos m\lambda \\ \sin m\lambda \end{array} \right\} \sin\theta \mathrm{d}\theta \mathrm{d}\lambda \tag{2.6}$$

式中，k_l 为 l 阶荷勒夫数 (Load Love Number)，可利用 Han 和 Wahr 于 1995 年利用地球参考模型 PREM 计算的数值 [52]。因此，物质质量迁移对大地水准面的影响为式 (2.5) 和式 (2.6) 之和，即：

$$\left\{ \begin{array}{c} \Delta\bar{C}_{lm} \\ \Delta\bar{S}_{lm} \end{array} \right\} = \left\{ \begin{array}{c} \Delta\bar{C}_{lm} \\ \Delta\bar{S}_{lm} \end{array} \right\}_{\mathrm{mass}} + \left\{ \begin{array}{c} \Delta\bar{C}_{lm} \\ \Delta\bar{S}_{lm} \end{array} \right\}_{\mathrm{deform}} \tag{2.7}$$

将表面物质面密度展开为球谐级数:

$$\Delta\sigma(\theta, \lambda) = a\rho_{\mathrm{w}} \sum_{l=0}^{\infty} \sum_{m=0}^{l} (\Delta C_{lm} \cos m\lambda + \Delta S_{lm} \sin m\lambda)\bar{P}_{lm}(\cos\theta) \qquad (2.8)$$

式中, $\rho_{\mathrm{w}} = 1000\mathrm{kg/m^3}$ 为水的密度, $\Delta\sigma/\rho_w$ 即为用等效水高表示的表面物质质量变化。

由式 (2.8) 可得,

$$\left\{ \begin{array}{c} \Delta C_{lm} \\ \Delta S_{lm} \end{array} \right\} = \frac{1}{4\pi a\rho_{\mathrm{w}}} \int_0^{2\pi} \mathrm{d}\lambda \int_0^{\pi} \Delta\sigma(\theta, \lambda)\bar{P}_{lm}(\cos\theta) \left\{ \begin{array}{c} \cos m\lambda \\ \sin m\lambda \end{array} \right\} \sin\theta\mathrm{d}\theta$$

$$(2.9)$$

由式 (2.5)、式 (2.6)、式 (2.7) 和式 (2.9) 可得 C_{lm}、S_{lm} 和 $\bar{C}_{lm}$、$\bar{S}_{lm}$ 间的表达式为

$$\left\{ \begin{array}{c} \Delta\bar{C}_{lm} \\ \Delta\bar{S}_{lm} \end{array} \right\} = \frac{3\rho_{\mathrm{w}}}{\rho_{\mathrm{a}}} \frac{1+k_l}{2l+1} \left\{ \begin{array}{c} \Delta C_{lm} \\ \Delta S_{lm} \end{array} \right\} \qquad (2.10)$$

或者

$$\left\{ \begin{array}{c} \Delta C_{lm} \\ \Delta S_{lm} \end{array} \right\} = \frac{\rho_{\mathrm{a}}}{3\rho_{\mathrm{w}}} \frac{2l+1}{1+k_l} \left\{ \begin{array}{c} \Delta\bar{C}_{lm} \\ \Delta\bar{S}_{lm} \end{array} \right\} \qquad (2.11)$$

将式 (2.11) 代入式 (2.8) 即可得到利用重力场模型球谐系数合成地球表面质量变化的公式[43]:

$$\Delta\sigma(\theta, \lambda) = \frac{a\rho_{\mathrm{a}}}{3} \sum_{l=0}^{\infty} \sum_{m=0}^{l} \bar{P}_{lm}(\cos\theta)\frac{2l+1}{1+k_l}(\Delta\bar{C}_{lm}\cos m\lambda + \Delta\bar{S}_{lm}\sin m\lambda) \quad (2.12)$$

2.1.3　高阶项误差与高斯平滑滤波

GRACE 观测数据精度受到卫星轨道误差、姿态测量误差、K 波段测距误差、加速度计测量误差等的影响,这些误差会使得计算的地球表面质量变化信号被噪声掩盖。另外,重力场球谐系数模型只能给出有限阶次的重力位系数,由此产生的误差称为截断误差。由于高阶项系数受系统噪声等影响较严重,模型系数误差随阶数 l 增大而迅速增加,但是高

阶项系数对反演表面密度变化的贡献不可完全忽略。另外在研究中我们通常关注某一区域 (如某一具体流域) 的总质量变化, 而非某一点的质量变化。所以引入高斯平滑函数降低高阶项权重, 同时考虑高阶项对反演质量变化的贡献, 提高反演精度。

由 GRACE 重力卫星重力场模型估算区域表面质量变化的精度可以随着研究区域面积的增加而提高[53,54]。地球表面质量变化的估计精度可以通过空间域平均来改进, 但这会降低空间分辨率。某一具体的平均算子 $\vartheta(\theta, \lambda)$ 为描述某一区域 (可以为某一流域或某个国家) 形状的函数, 表达式可写为

$$\vartheta(\theta, \lambda) = \begin{cases} 1 & \text{区域内} \\ 0 & \text{区域外} \end{cases} \tag{2.13}$$

则对于某一区域, 其平均质量变化可以表示为

$$\Delta \bar{\sigma}_{\text{region}} = \frac{1}{\Omega_{\text{region}}} \int \Delta \sigma(\theta, \lambda) \vartheta(\theta, \lambda) \mathrm{d}\Omega \tag{2.14}$$

式中, $\mathrm{d}\Omega = \sin\theta \mathrm{d}\theta \mathrm{d}\lambda$ 为固体角元, 对 $\vartheta(\theta, \lambda)$ 进行球面积分即可得到 Ω_{region}, 由式 (2.12) 和式 (2.14) 可得

$$\Delta \sigma_{\text{region}} = \frac{a\rho_a}{3\Omega_{\text{region}}} \sum_{l=0}^{\infty} \sum_{m=0}^{l} \frac{2l+1}{1+k_l} (\vartheta_{lm}^c \Delta \bar{C}_{lm} + \vartheta_{lm}^s \Delta \bar{S}_{lm}) \tag{2.15}$$

式中, ϑ_{lm}^c 和 ϑ_{lm}^s 为 $\vartheta(\theta, \lambda)$ 的球谐展开系数, 可按照下式计算:

$$\vartheta(\theta, \lambda) = \frac{1}{4\pi} \sum_{l=0}^{\infty} \sum_{m=0}^{l} \bar{P}_{lm}(\cos\theta)(\vartheta_{lm}^c \cos m\lambda + \vartheta_{lm}^s \sin m\lambda) \tag{2.16}$$

$$\begin{Bmatrix} \vartheta_{lm}^c \\ \vartheta_{lm}^s \end{Bmatrix} = \int \vartheta(\theta, \lambda) \bar{P}_{lm}(\cos\theta) \begin{Bmatrix} \cos m\lambda \\ \sin m\lambda \end{Bmatrix} \mathrm{d}\Omega \tag{2.17}$$

使用高斯滤波器 $W(\theta, \lambda, \theta', \lambda')$ 和区域平均函数 $\vartheta(\theta, \lambda)$ 做卷积可以得到区域平滑算子:

$$\bar{W}(\theta, \lambda) = \int W(\theta, \lambda, \theta', \lambda') \vartheta(\theta', \lambda') \mathrm{d}\Omega' \tag{2.18}$$

其中，式 (2.18) 是对固体角元积分，且高斯滤波函数 $W(\theta, \lambda, \theta', \lambda')$ 仅取决于点 (θ, λ) 与点 (θ', λ') 间的角距 γ，即 $\cos\gamma = \cos\theta\cos\theta' + \sin\theta\sin\theta'\cos(\lambda - \lambda')$。

$$W(\theta, \lambda, \theta', \lambda') = W(\gamma) = \frac{b}{2\pi}\frac{\exp\left[-b(1-\cos\gamma)\right]}{1-\mathrm{e}^{-2b}} \tag{2.19}$$

$$b = \frac{\ln 2}{1-\cos(r/a)} \tag{2.20}$$

式中，r 为高斯平滑半径，当 $\gamma = r/a$ 时，$W(\gamma) = 12W(0)$。平滑算子 $\bar{W}(\theta, \lambda)$ 沿平滑半径 r 由区域内值 1 变化为区域外值 0。

所以，经过高斯平滑处理的地球表面质量变化反演公式为

$$\Delta\tilde{\sigma}(\theta, \lambda) = \frac{2\pi a\rho_{\mathrm{a}}}{3}\sum_{l=0}^{l_{\max}}\sum_{m=0}^{l}\frac{2l+1}{1+k_l}W_l(\Delta\bar{C}_{lm}\cos m\lambda + \Delta\bar{S}_{lm}\sin m\lambda)\bar{P}_{lm}(\cos\theta) \tag{2.21}$$

$$\Delta\bar{\sigma}_{\mathrm{region}} = \frac{a\rho_{\mathrm{E}}}{3\Omega_{\mathrm{region}}}\sum_{l=0}^{l_{\max}}\sum_{m=0}^{l}\frac{2l+1}{1+k_l}(W_{lm}^c\Delta C_{lm} + W_{lm}^s\Delta S_{lm}) \tag{2.22}$$

其中，

$$W_l = \frac{1}{\sqrt{2l+1}}\int_0^{\pi}W(\gamma)\tilde{P}_{l0}(\cos\gamma)\sin\gamma\,\mathrm{d}\gamma \tag{2.23}$$

$$\left\{\begin{array}{c} W_{lm}^c \\ W_{lm}^s \end{array}\right\} = 2\pi W_l\left\{\begin{array}{c} \vartheta_{lm}^c \\ \vartheta_{lm}^s \end{array}\right\} \tag{2.24}$$

W_l 可以通过以下公式迭代计算[49]：

$$W_0 = \frac{1}{2\pi}$$

$$W_l = \frac{1}{2\pi}\left(\frac{1+\mathrm{e}^{-2b}}{1-\mathrm{e}^{-2b}} - \frac{1}{b}\right) \tag{2.25}$$

$$W_{l+1} = -\frac{2l+1}{b}W_l + W_{l-1}$$

图 2.2 给出了 W_l 在 $r_{1/2}$ 分别等于 300km、500km、800km 和 1000km 时随阶数变化的曲线。可以看出，平滑半径越大，高斯滤波权重收敛的速度越快，经平滑处理以后高阶项所占的权重就越低，相应的低阶项所

占的权重就越大，这样就可以有效消除 GRACE 高阶项误差，同时不完全忽略高阶项提供的信息。

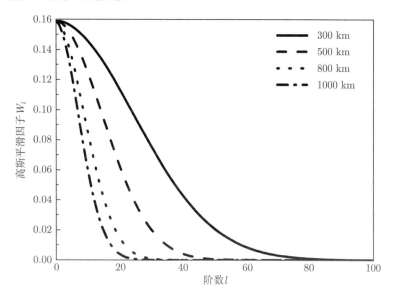

图 2.2 W_l 随阶数的变化

图 2.3 显示了不同平滑半径下计算的 2002 年 4 月全球水储量空间分布。高斯平滑半径分别取 0km、300km、500km、800km。

图 2.3 结果表明，随着高斯平滑半径的增加，反演的全球水储量变化有效信号愈加明显。这说明高斯滤波方法可以有效消除 GRACE 时变

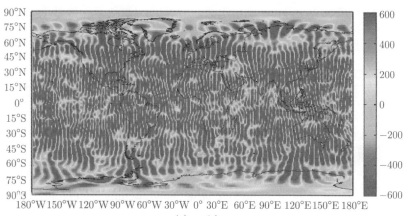

(a) $r=0$ km

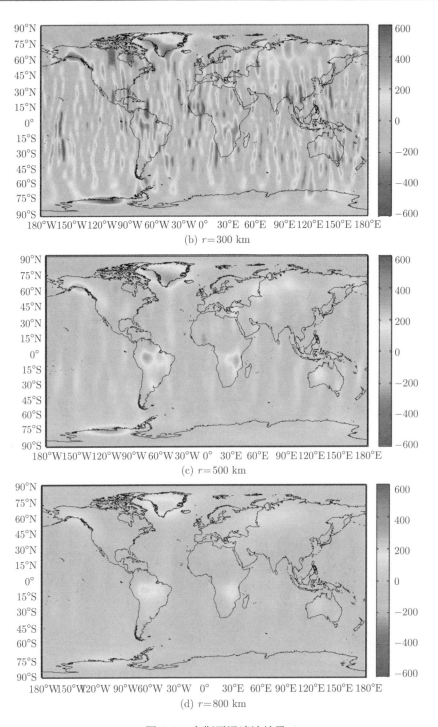

(b) $r=300$ km

(c) $r=500$ km

(d) $r=800$ km

图 2.3　高斯平滑滤波效果

重力场模型中高阶误差对全球水储量变化计算的影响。当平滑半径大于500km 时，反演的水储量变化信号已经较为清楚，取 800km 平滑半径时，已基本看不到条带误差的影响。

2.1.4 高次项相关误差与去条带滤波

高斯平滑滤波通过降低高阶项权重提高反演精度，但却降低了反演结果的空间分辨率。在研究区域性水文问题时，采用 300km 平滑半径已基本可以消除高阶项误差的影响，但可以看到明显的条带噪声。若采用 800km 平滑半径，则区域水文信号将大量损失。所以，可以通过直接消除模型系数之间的相关误差，从而达到去条带误差的效果 [55]。图 2.4 显

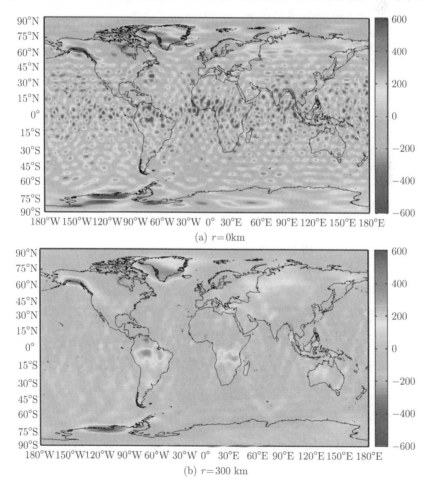

(a) $r=0$km

(b) $r=300$ km

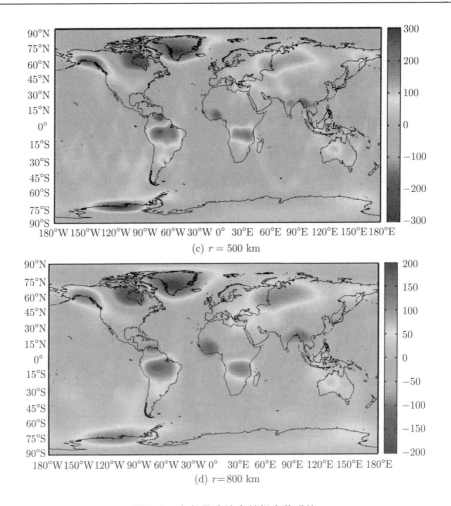

(c) $r = 500$ km

(d) $r = 800$ km

图 2.4　去条带滤波有效提高信噪比

示了采用高斯平滑滤波与 5 阶多项式拟合去条带滤波组合滤波反演的全球水储量的效果。结果表明，当采用多项式拟合去条带时，即使不采用高斯平滑滤波 (滤波半径为零)，条带误差也可以得到大幅度降低，水文信号得以体现；而当采用 300km 高斯滤波与多项式拟合去条带组合滤波时，区域水文信号已经可以得到明显体现。

采用多项式拟合去条带滤波可以有效消除模型高阶项相关误差，相应的我们就可以降低高斯滤波半径，保留更多的高阶项系数信息，可以尽可能提高模型空间分辨率。所以本书在反演研究区水储量时，先采用多项式拟合去除高阶项系数的相关误差, 再采用平滑半径为 300km 高斯平滑滤波。

2.2 基于 GRACE 重力卫星的流域水储量变化特征

本章使用的重力场观测数据为 University of Texas-Center for Space Research (UT-CSR) 发布的第五版 (Release 05)60 阶的 GRACE 球谐系数月重力场模型。GRACE 确定的重力场位系数 C_{20} 项精度较低, 且 C_{20} 项对陆面水储量变化计算结果影响较大, 所以本章在计算前利用卫星激光测距 (SLR) 观测得到的 C_{20} 项对 GRACE 重力位模型的 C_{20} 项进行了替换 [56]。模型高阶项系数误差较大, 故采用各项同性高斯平滑滤波处理降低高阶项误差 [44]。同时采用 5 次多项式去条带滤波去除高次项系数之间的相关误差, 以消除反演结果中的条带状噪声 [55]。

为了评估 GRACE 观测结果的合理性, 将计算结果与全球陆面数据同化系统 GLDAS(Global Land Data Assimilation System) 模拟的水储量变化结果进行比较。GLDAS 采用 NASA 地面和空间观测系统得到近实时陆面状态和通量数据约束陆面过程模型, 进而获得陆地表面各通量及状态量变化的近实时信息 [57]。该同化系统输出数据时间分辨率为 3h, 空间分辨率为 1°。本章采用 2003 年 1 月 ∼2012 年 12 月共 120 个月的 GLDAS 输出的土壤含水量、积雪雪水当量以及叶冠层含水量之和作为模拟的陆面水储量验证 GRACE 陆面水储量反演结果。为了使 GRACE 反演结果与 GLDAS 模拟结果具有可比性, 对 GLDAS 模拟的水储量采用与处理 GRACE 数据相同的方法进行处理, 即先进行球谐展开, 取前 60 阶, 并作平滑半径为 300km 高斯平滑滤波处理。

2.2.1 陆地水储量年际变化

图 2.5 表明 2003 年 1 月 ∼2012 年 12 月 GRACE 反演的陆面水储量变化过程, GLDAS 模拟陆面水储量变化过程, 以及各自的最小二乘法拟合线性趋势。GLDAS 模拟的冰雪水量变化相比于土壤含水量变化可以忽

略不计, 图 2.5 中 GLDAS 模拟的陆面水储量变化主要由土壤含水量变化贡献。GRACE 和 GLDAS 变化过程的丰枯交替基本吻合, 并且水储量丰枯变化与黄河源区雨季与旱季交替过程基本一致 (图 2.6), 表明 GRACE 能反映黄河源区水资源量的季节性变化特征。黄河源区陆面水储量在计算时段内最小二乘线性拟合趋势为 6.35mm/a(显著性检验 $p < 0.0001$), 相当于源区陆面水储量线性增加趋势为 7.7 亿 m^3/a。

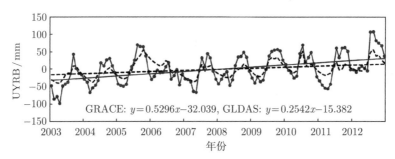

图 2.5　GRACE 反演的黄河源区陆面水储量变化过程 (实折线)、GLDAS 模拟的黄河源区土壤含水量和冰雪水量之和变化过程 (虚折线), 相应过程的线性拟合趋势线

(实直线、虚直线)

2.2.2　陆地水储量月变化

图 2.6 表示黄河源区陆面水储量变化的年内分布, 12 月至次年 6 月表现为负异常, 7~11 月表现为正异常。陆面水储量变化的年内循环主要受降水年内循环的影响。图 2.7 给出了黄河源区年内各月陆面水储量的空间分布, 对照图 2.8 年内各月降水量空间分布可以发现, 黄河源区陆面水储量时空分布模式与降水量时空分布模式一致。降水量峰值出现在 7 月份, 随后开始减少 (图 2.8(g)~(j)), 陆面水储量峰值也在 7 月份开始出现, 但一直持续到 10 月份都表现出较高的正异常 (图 2.7(g)~(j)), 体现了流域下垫面对降水的调蓄作用。

图 2.9 表示 2003~2012 年黄河源区年内各月平均陆面水储量变化趋势。GRACE 观测时段内黄河源区各月水储量均有增加, 水储量增加最大值发生在 7 月份, 最小值发生在 5 月份。

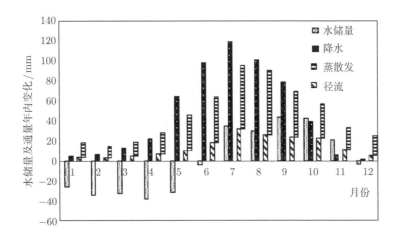

图 2.6 黄河源区区域平均陆面水储量及其通量年内变化过程

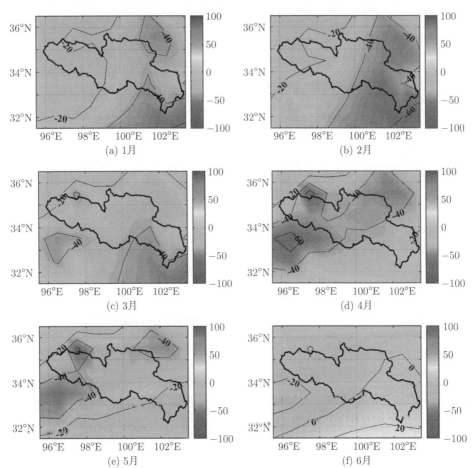

(a) 1月　　　　　　　　　　　(b) 2月

(c) 3月　　　　　　　　　　　(d) 4月

(e) 5月　　　　　　　　　　　(f) 6月

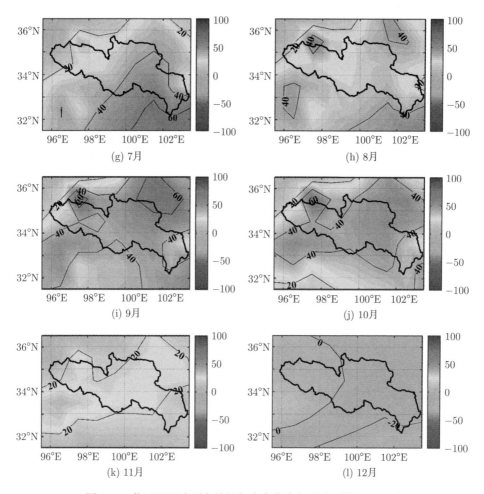

图 2.7　黄河源区陆面水储量年内变化空间分布 (单位: mm)

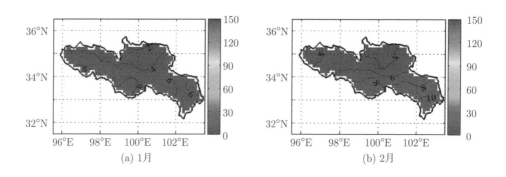

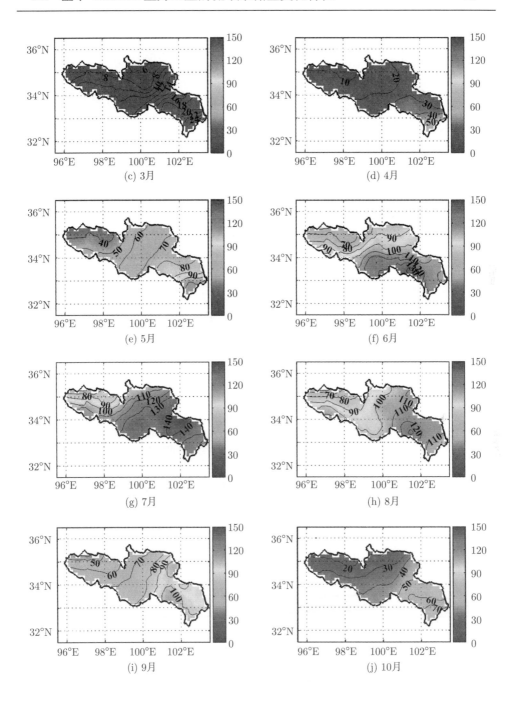

(c) 3月

(d) 4月

(e) 5月

(f) 6月

(g) 7月

(h) 8月

(i) 9月

(j) 10月

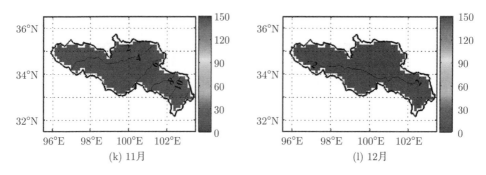

图 2.8　黄河源区降水量年内变化空间分布 (单位: mm)

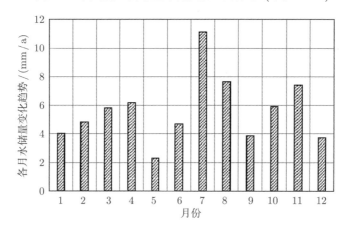

图 2.9　2003~2012 年黄河源区年内各月平均陆面水储量变化趋势

　　图 2.10 给出了黄河源区陆面水储量、月降水量、月平均气温变化趋势的空间分布。黄河源区陆面水储量以增加趋势为主,上游水储量增加趋势最大,玛多水文站以上流域陆面水储量增加达 10mm/a。上游大部分区域降水和气温也均表现出增加的趋势。对于黄河源区,以下两个因素共同作

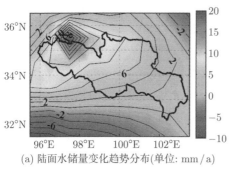

(a) 陆面水储量变化趋势分布(单位: mm/a)

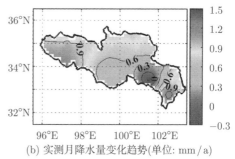

(b) 实测月降水量变化趋势(单位: mm/a)

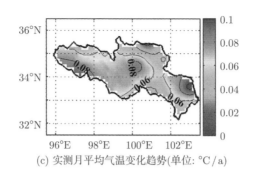

(c) 实测月平均气温变化趋势(单位: °C/a)

图 2.10　2003 年 1 月 ~2012 年 12 月 GRACE 重力卫星观测的黄河源区陆面水、月降水量、月平均气温变化趋势

用可能导致源区陆面水储量增加, 一是连续多年冻土退化, 导致永冻层下移, 流域下垫面的储水能力增加, 二是流域降水量大于径流量与蒸散发量之和, 使得有多余的水量可以被蓄积在下垫面的含水层中。对照图 1.2 可以发现, 黄河源区连续多年冻土主要分布在源区上游, 黄河源区陆面水储量增加、气温升高、降水量增加的地区与连续多年冻土分布地区一致, 源区升温加速导致冻土加速融化。推测黄河源区陆面水储量变化以及径流变化可能与气候变暖背景下连续多年冻土退化引起的下垫面调蓄能力变化有密切关系 [40], 这可能是 20 世纪 90 年代以来降雨恢复而径流持续偏低的直接原因。

2.3　本章小结

本章基于 GRACE 陆面水储量变化, 实测径流量和降水量, 分析了黄河源区 2003~2012 年陆面水储量不同组分变化特征以及陆面水文循环要素变化特征, 探讨了该时段内径流量变化的影响因素, 主要结论为:

(1) GRACE 重力卫星是研究地球系统质量迁移、转化及重新分布的全新技术手段, 从而为研究地球系统陆面水循环提供了重要的数据支撑。本章主要介绍国外采用 GRACE 反演陆面水储量变化的重要科研进展, 提出了基于 GRACE 时变地球重力场模型反演地球表面质量变化的基本技术流程框架, 探讨了地球表面薄层物质变化和物质重新分布产生的固体地球形变双重下的大地水准面球谐系数变化，通过引入高斯平滑函数降低高阶球谐项的权重、多项式拟合消除条带误差，以获得高精度、高分辨率的陆面水储量变化分布。结果表明高斯平滑半径增加可有效增强水储量变化信号，但会造成局部水文信号的损失，采用 300km 高斯滤波与多项式拟合去条带组合滤波可有效提高陆面水储量变化的模拟精度和分辨率。

(2) GRACE 数据能较好地反映黄河源区陆面水储量变化特征，陆面水储量变化主要由土壤含水量变化贡献。2003~2012 年陆面水储量表现出增加的趋势，水储量增加主要发生在源区黄河沿水文站以上连续多年冻土覆盖面积比例较大的区域。该区域降水量和平均气温也表现出增加的趋势。陆面水储量增加的趋势在各月均有表现，但在 7 月份增加的趋势最大。推测陆面水储量增加与气候变暖下连续多年冻土退化以及降水量增加有关。

第3章 高寒江河源区水文多要素变化特征

3.1 基于 GRACE 重力卫星和 GLDAS 的水文要素变化分析

3.1.1 GLDAS 模型介绍

全球陆面数据同化系统 GLDAS 是美国航空航天局 (NASA) 戈达德空间飞行中心 (GSFC)、美国海洋和大气局 (NOAA)、国家环境预报中心 (NCEP) 联合发布的基于卫星、陆面模式和地面观测数据的同化产品，它能够提供多种驱动数据，这些数据来源于大气同化产品、再分析资料和实际观测，是一个全球高分辨率离线的陆面模拟系统，它通过融合来自地面和卫星的观测数据来提供最优化近实时的地表状态变量。目前，GLDAS 结合 Mosaic，Noah，CLM(the community land model)，VIC(the variable infiltration capacity) 4 个陆面模式提供了大量的陆面数据，并广泛应用于全球气候变化研究以及与其他遥感产品的对比分析。

3.1.2 水量平衡分析方法

1. 基于重力卫星的陆面水储量组分平衡分析

基于重力卫星测量的重力场变化可以反演一个月时间尺度上的陆面水储量变化，该陆面水储量变化包括地球各个圈层水储量变化的综合效果。通常情况下大气水、地表水引起的陆面水储量变化可以忽略不计，主要考虑地下水、土壤水以及冰雪覆盖较多的区域冰雪水引起的陆面水储量变化，其关系可用下式表示：

$$TWS_i = GWS_i + TSM_i + SWE_i \tag{3.1}$$

式中，TWS 为陆面水储量 (terrestrial water storage)；GWS 为地下水储量 (ground-water storage)；TSM 为土壤水储量 (total soil moisture)；SWE 为冰雪水当量 (snow water equivalent)，下标 i 表示月份。

GRACE 重力卫星不能测量出陆面水储量的绝对值，只能给出陆面水储量相对于某个基准期的变化值 (或称异常值、距平值)，所以在选定的基准期 $i \in [0, N]$ 内对式 (3.1) 中各项求平均值可得

$$\overline{TWS} = \overline{GWS} + \overline{TSM} + \overline{SWE} \tag{3.2}$$

式 (3.1) 减去式 (3.2) 得陆面水储量各组分距平值的关系式：

$$TWS \cdot A_i = GWS \cdot A_i + TSM \cdot A_i + SWE \cdot A_i \tag{3.3}$$

式中，A 表示各项均为距平值，其余字母意义同式 (3.1)。

在大尺度陆面水文研究中，$TSM \cdot A$ 和 $SWE \cdot A$ 可通过光学遥感反演或者陆面模式模拟估计，而 GWS 缺乏较大时空尺度上的有效观测手段。在 GRACE 重力卫星提供了陆面水储量变化观测以后，结合陆面模式模拟的土壤水储量和冰雪水当量，可以通过下式计算地下水储量变化：

$$GWS \cdot A_i = TWS \cdot A_i - TSM \cdot A_i - SWE \cdot A_i \tag{3.4}$$

2. 基于重力卫星的流域水文循环要素平衡分析

假设流域地表分水岭和地下分水岭重合，忽略跨流域调水，时段流域水量平衡可以表示为

$$\Delta S = TWS_N - TWS_1 = \sum_{i=1}^{N} P_i - R_i - ET_i \tag{3.5}$$

式中，TWS_1 和 TWS_N 分别为时段初和时段末流域陆面水储量，P_i、R_i、ET_i 分别为时段内第 i 天全流域降水量、径流量和蒸散发量，N 为计算时段的总天数。

式 (3.5) 中，面平均降水量 P 可由流域内站点降水量估算，径流量 R 根据流域出口水文站流量资料计算，而全流域的 ΔS 和 ET 缺乏有效的站点观测手段。结合 GRACE 陆面水储量变化可以估算流域面平均蒸散发量：

$$\Delta S = TWS \cdot A_N - TWS \cdot A_1 = \sum_{i=1}^{N} P_i - R_i - ET_i \tag{3.6}$$

GRACE 不能提供时段初和时段末陆面水储量变化的瞬时观测值, 使用式 (3.6) 进行实际计算时需要进行一些变换处理[50]。对于前后两个观测时段 $I = 1, 2$ (I 为观测时段号), 流域水量平衡可以近似为

$$TWS_{2,i} \cdot A - TWS_{1,i} \cdot A = \sum_{1,i}^{2,i} (P_i - R_i - ET_i) \tag{3.7}$$

式中, 下标 $2, i$ 和 $1, i$ 分别表示 GRACE 后一观测时段的第 i 天和前一观测时段的第 i 天。观测时段内的每一天 ($i = 1, 2, \cdots, N$) 均有式 (3.7), 对各式求和:

$$\sum_{i=1}^{N} (TWS_{2,i} \cdot A - TWS_{1,i} \cdot A) = \sum_{i=1}^{N} \sum_{1,i}^{2,i} (P_i - R_i - ET_i) \tag{3.8}$$

整理可得:

$$\sum_{i=1}^{N} TWS_{2,i} \cdot A - \sum_{i=1}^{N} TWS_{1,i} \cdot A = \sum_{i=1}^{N} \sum_{1,i}^{2,i} P_i - \sum_{i=1}^{N} \sum_{1,i}^{2,i} R_i - \sum_{i=1}^{N} \sum_{1,i}^{2,i} ET_i \tag{3.9}$$

式 (3.9) 两边同时除以 N 可得:

$$TWS \cdot A_2 - TWS \cdot A_1 = \frac{1}{N} \sum_{i=1}^{N} \sum_{1,i}^{2,i} P_i - \frac{1}{N} \sum_{i=1}^{N} \sum_{1,i}^{2,i} R_i - \frac{1}{N} \sum_{i=1}^{N} \sum_{1,i}^{2,i} ET_i \tag{3.10}$$

简记为

$$\Delta TWS \cdot A = \overline{P} - \overline{R} - \overline{ET} \tag{3.11}$$

式中, $\Delta TWS \cdot A$ 为根据 GRACE 重力卫星观测数据计算的相邻两个观测时段的陆面水储量变化, 右端各项为相应变量的滑动平均累积值。

由于 GRACE 数据包含的观测时段可能不连续或者长度不同, 所以式 (3.11) 需要展开为

$$\Delta TWS \cdot A = \sum_{i=D_1}^{D_1+N_1-1} \frac{i-D_1}{N_1} (P_i - R_i - ET_i) + \sum_{i=D_1+N_1}^{D_2-1} (P_i - R_i - ET_i)$$

$$+ \sum_{i=D_2}^{D_2+N_2-1} \frac{D_2 + N_2 - i}{N_2}(P_i - R_i - ET_i) \tag{3.12}$$

式中, D_1、D_2 分别为前一观测时段和后一观测时段的第一天, N_1、N_2 分别为前一观测时段和后一观测时段包含的总天数。

对式 (3.12) 中包含 ET 的各项求和, 除以滑动平均累积计算的有效天数 $\overline{N}$ 得计算时段内蒸散发量的日平均值。其中,

$$\overline{N} = \frac{N_1 - 1}{2} + [D_2 - (D_1 + N_1)] + \frac{N_2 + 1}{2} \tag{3.13}$$

3.1.3   流域水文循环要素平衡分析

如图 3.1 所示, 黄河源区年径流表现出丰、平、枯交替变化, 1990 年以后年径流量比 1990 年之前明显偏低, 主要与 1990 年以后降水量减少有关, 此后随着降水的增加, 年径流量又逐年增加。1991~2012 年黄河源区唐乃亥水文站平均年径流量 $Q(182.98 \times 10^8 \text{m}^3)$ 分别占 1961~2012 年平均年径流量 $Q(204.64 \times 10^8 \text{m}^3)$ 的 89%、1961~1990 年平均年径流量 $Q(220.53 \times 10^8 \text{m}^3)$ 的 83%。径流变化受降水、蒸散发、气温、冻土变化

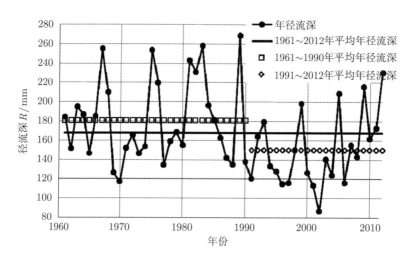

图 3.1   黄河源区唐乃亥水文站 1961~2012 年年径流深序列

注: 径流深 $R = Q/A \times u$, 其中 Q 为径流量, A 为流域面积, u 为换算单位

等多因素的综合影响，不同区域不同时段又有主导因素起着主要控制作用。由于 GRACE 重力卫星只提供 2002 年 4 月以后的观测数据，考虑数据的连续性，本研究只使用了 2003 年 1 月 ～ 2012 年 12 月的观测数据。本章在此时段内基于实测降水量、径流量和 GRACE 重力卫星反演的陆面水储量变化分析黄河源区水文循环要素平衡和动态变化特征，以及降水、蒸散发和冻土变化对径流变化的影响。

根据 3.1.2 节的方法，基于 GRACE 陆面水储量变化，由站点降水量计算的流域面平均降水量以及唐乃亥水文站观测的径流量，计算了黄河源区 2003 年 1 月 ～ 2012 年 12 月各月蒸散发量，如图 3.2 所示。降水量和径流量均表现出增加趋势 (图 3.2(a)、(b))，最小二乘线性拟合趋势为 0.65mm/a 和 0.75mm/a。降水量变化趋势并不显著，降水量增加主要发生在黄河沿水文站以上区域和玛曲水文站以上部分区域 (图 2.10)。陆面水储量变化和蒸散发量变化趋势不明显 (图 3.2(d))，最小二乘线性拟合趋势均为 −0.05mm/a。计算时段内年平均降水量为 460.9mm，大于年平均径流量 (139.0mm) 和年平均蒸散发量 (314.9mm) 之和 453.9mm。2003~2012 年

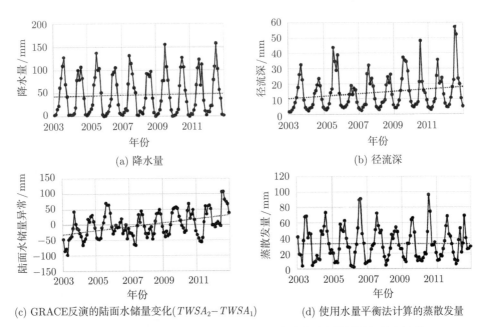

(a) 降水量　　　　　　　　　　　　(b) 径流深

(c) GRACE反演的陆面水储量变化($TWSA_2 - TWSA_1$)　　(d) 使用水量平衡法计算的蒸散发量

图 3.2　黄河源区区域平均陆面水储量及水文气象通量月值时间序列

降水量累计超出径流量和蒸散发量之和 7mm，GRACE 陆面水储量 2012
年平均值与 2003 年平均值的差值为 75mm (图 2.5，表 3.1)。2003~2012 年
源区径流量增加主要由降水量增加贡献，陆面水储量变化和蒸散发的减
少也在一定程度上促使径流量增加。

表 3.1　2003 年 1 月 ~ 2012 年 12 月黄河源区水文循环要素变化特征

水文要素	降水量	径流量	蒸散发量	水储量变化 $(TWSA_i-TWSA_{i-1})$	水储量异常 $((TWSA_{2012}-TWSA_{2003})/12)$
平均年值/mm	460.9	139.0	314.9	—	—
线性拟合趋势 /(mm/a)	0.65	0.75	−0.05	−0.05	7.5
趋势显著性 p 值	0.4	<0.0001	0.54	—	—

　　图 3.3 是黄河源区 2003~2012 年年内不同月份各水文站以上区域平
均降水量和水文站实测径流量的最小二乘线性拟合趋势。图 3.4 为相应
区域各月平均气温变化趋势。2003~2012 年黄河源区各水文站实测径流
量变化趋势除了唐乃亥水文站在 9 月、10 月为负值以外，其余各月各水
文站均为正值。气温升高主要发生在 2 月、4 月、7 月、8 月、11 月、12 月。
径流量增加在春夏季 (3~8 月) 最大，而降水增加也主要集中在春夏季。
冬春季整体气温表现出升高趋势，由此导致的春季融雪径流增加也可能
是导致径流增加发生在春夏季的重要原因。吉迈站和玛曲站各月径流量
增加量大于对应水文站以上区域的降水量增加量，并且这一现象在吉迈
水文站表现得更为突出，表明除降水量外，还有其他因素影响径流量。

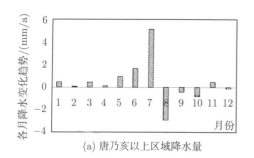

(a) 唐乃亥以上区域降水量

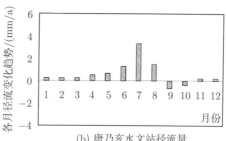

(b) 唐乃亥水文站径流量

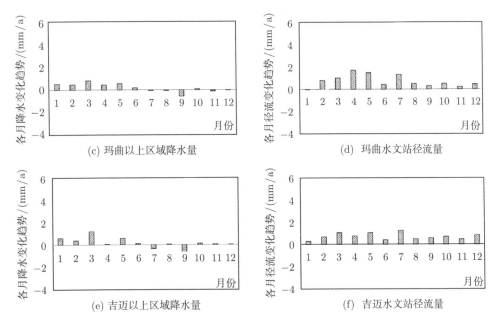

图 3.3　黄河源区 2003~2012 年唐乃亥、玛曲和吉迈水文站以上区域平均降水量和各水文
站实测径流量各月变化趋势

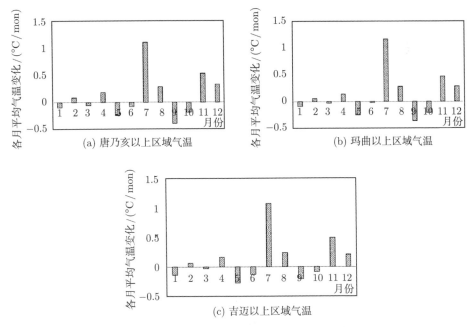

图 3.4　黄河源区 2003~2012 年唐乃亥、玛曲和吉迈水文站以上区域平均气温各月变化趋势

3.2　基于实测资料的水文多要素变化分析

根据流域水量平衡公式 (3.5)，影响径流变化的主要因子包括降水量、蒸散发量以及陆面水储量变化[26]。在人类活动影响及全球变暖背景下，水库建造和运行会影响流域陆面水储量和蒸散发，全球水文循环加剧会导致降水量和降水强度变化，气候变暖会导致冻土退化以及地表水体如积雪、河流、湖泊等的水量变化，进而导致陆面水储量的变化，降水和气温的变化又会导致蒸散发的变化。降水量、径流量、蒸散发量和陆面水储量处于动态均衡系统中，各因子相互影响制约。本研究着重于分析径流量变化受其他因子变化的影响。

降水变化会对径流产生直接和间接影响。降水增加会导致径流增加，反则反之。对于较干燥的流域，蒸散发量受水量供给条件的限制，降水变化会对蒸散发变化有较大影响，进而间接影响径流量。温度变化也可以从两方面对径流产生影响。对于太阳辐射能较有限的区域，温度变化会从能量角度影响蒸散发，进而对径流量产生影响。对于冻土覆盖较广泛，特别是冻土温度接近临界温度 (0℃) 的区域，温度变化会引起水的相态变化，对冻土状态产生较大的影响，进而影响下垫面蓄水能力以及对径流的调蓄能力。本章主要基于实测资料分析径流变化与降水和气温 (冻土和蒸散发) 变化的可能关系，揭示径流变化的主要影响因子及其对径流变化的影响机理。

3.2.1　分析方法

1. 曼-肯德尔方法

曼-肯德尔 (Mann-Kendall) 趋势检验方法是研究水文系列趋势的强有力工具。水文序列趋势分析中，曼-肯德尔方法是被世界气象组织推荐并广泛使用的非参数检验方法。最初由 Mann 和 Kendall 提出，现在已用于检验降水、径流和温度等要素的时间序列趋势变化。曼-肯德尔方法不需要样本遵循一定的分布，而且较少受到少数极值的干扰，适用于水文、气象等非正态分布的数据, 计算比较方便。

假定 n 个相互独立的时间序列变量 $X_1, X_2, \cdots, X_n$, 其中 n 为时间序列的长度, 曼-肯德尔方法定义统计变量 S, 计算如式 (3.14):

$$S = \sum_{j=1}^{n-1} \sum_{k=j+1}^{n} \mathrm{sgn}(x_k - x_j) \tag{3.14}$$

式中,

$$\mathrm{sgn}(x_k - x_j) = \begin{cases} 1, & x_k - x_j > 0 \\ 0, & x_k - x_j = 0 \\ -1, & x_k - x_j < 0 \end{cases} \tag{3.15}$$

式中, x_j, x_k 分别为第 j, k 年的相应测量值, 且 $k > j$。

当 $n \geqslant 8$ 时, 统计量 S 近似认为是正态分布, 其期望和方差值为

$$\mathrm{E}(S) = 0 \tag{3.16}$$

$$\mathrm{var}(S) = \frac{n(n-1)(2n+5) - \sum_{i=1}^{n} t_i i(i-1)(2i+5)}{18} \tag{3.17}$$

式中, t_i 表示幅度 i 的相关程度。

正态分布的统计量 Z 计算如下:

$$Z = \begin{cases} \dfrac{S-1}{\sqrt{\mathrm{var}(S)}}, & S > 0 \\[2mm] 0, & S = 0 \\[2mm] \dfrac{S+1}{\sqrt{\mathrm{var}(S)}}, & S < 0 \end{cases} \tag{3.18}$$

在 α 置信水平上, 如果 $|Z| \geqslant Z_{1-\alpha/2}$, 则拒绝原假设, 即在 α 置信水平上, 时间序列数据存在明显上升或下降趋势。

2. GG 蒸发互补模型

Bouchet 于 1963 年提出了陆面实际蒸发与可能蒸发之间的互补相关原理, 开辟了区域蒸发量计算的一条新途径。Morton、Brutsaert、Stricker

和 Granger 等基于互补相关原理分别提出了估算区域蒸发量的模型。此类模型不需要径流和土壤湿度资料，只用常规气象资料，气象资料容易获得，因此此类模型使用范围较大。近年来，许多学者利用该类模型计算区域蒸发量。

蒸发互补模型有三种，分别是 AA(the advection-aridity) 模型、CRAE (the complementary relationship areal evapotranspiration) 模型、GG (Granger 和 Gray) 模型。所谓蒸发互补指的是潜在蒸发能力和陆面蒸发量之间存在的关系。当太阳辐射能力为定值时，潜在蒸发和陆面蒸发量呈负相关，而且两者之和为常数，这也就是所说的两者之间的互补。当其他外界条件发生变化时，潜在蒸发量和陆面蒸发量都发生变化，但是两者之间的互补关系是不发生变化的。许崇育等分别将三种蒸发互补模型在气候条件不同的三个流域进行对比分析，发现 GG 模型在亚热带季风气候区域应用效果良好，因此他们使用 GG 模型来计算黄河源区的实际蒸发量。

Granger 和 Gray 于 1989 年修正了彭曼公式，如式 (3.19)，从而可以根据不同的植被覆盖估算实际蒸发量值。

$$ET_a = \frac{\Delta G}{\Delta G + \gamma} R_n/\lambda + \frac{\gamma G}{\Delta G + \gamma} E_a \qquad (3.19)$$

式中，G 是相对蒸发的无量纲参数，是实际蒸散发对潜在蒸散发的相对比率；R_n 是近地面太阳辐射，$MJ/(m^2 \cdot d)$；Δ 是在空气温度下的饱和气压曲线坡度，$kPa/℃$；γ 是干湿比常数，$kPa/℃$；λ 是潜热，$MJ/(m^2 \cdot d)$；E_a 是空气干燥能力，mm/d。

GG 模型选择表面饱和和表面温度不变时的蒸散发量为潜在蒸散发量。运用 Dolton 的蒸散发定律推导出实际蒸散发量和潜在蒸发散量的定量互补关系，并进一步引入相对蒸散发的概念得出估算实际蒸散发量的方程。空气干燥能力 E_a 可由式 (3.20) 计算得到：

$$E_a = 0.0026(1 + 0.54U_2)(e_s - e_a) \qquad (3.20)$$

式中，U_2 是地面 2m 处的风速，m/s；e_s 和 e_a 分别是饱和气压和实际气

压值 (Pa)。Granger 和 Gray 指出，G 和称其为相对风干能力的参数 D 之间存在一个统一关系，D 和 G 的求法分别如式 (3.21) 和式 (3.22) 所示：

$$D = \frac{e_a}{e_a + R_n} \tag{3.21}$$

$$G = \frac{1}{1 + 0.028e^{8.405D}} \tag{3.22}$$

后来，Granger 和 Gray 将公式校正为

$$G = \frac{1}{a + be^{4.902D}} + 0.006D \tag{3.23}$$

式中，a 和 b 是两个不同的无量纲参数，两个值根据实际情况发生变化。即调参时需要调整的就是这两个参数。

3.2.2 水文要素变化分析

选取黄河源区 1960~2005 年资料进行分析，选择目前比较常用的趋势检验方法曼-肯德尔趋势检验方法进行趋势检验。蒸发检验了实测的蒸发皿蒸发和实际蒸发。实际蒸发是通过一种蒸发互补模型 GG 模型计算得到，检验蒸发的趋势，同时验证了 GG 蒸发互补模型在黄河源区的应用效果。

曼-肯德尔检验中，当 p 值小于 0.05 时表示趋势明显，p 值前面负号表示具有下降趋势，正号表示具有上升趋势，检验所得的 p 值统计表如表 3.2 所示，标 * 号的表示具有显著趋势。趋势检验得到的趋势分析图见图 3.5 ~ 图 3.7。

由图 3.5 和表 3.7 综合分析可以明显看出，黄河源区近 50 年内平均温度、日照时数、蒸发皿蒸发和实际蒸发具有上升趋势，其中平均温度和实际蒸发上升显著，降水、径流呈下降趋势，其中径流下降趋势明显。从该流域降水 (图 3.5(a)) 的整体趋势检验中未见明显变化，基本是总体微小下降，但是出现年际间隔波动现象，年际差异较大。在全球变暖的趋势下，黄河源区的温度 (图 3.5(b)) 也不可避免地升温，20 世纪 70 年代初开始增暖，但是只有短暂的 3~4 年，1986 年开始出现显著变暖，尤其

1998 年以后温度增加尤为显著，期间温度基本都高于前面近 40 年的最高温度。蒸发皿蒸发 (图 3.5(c)) 基本是上升趋势但并不显著，70 年代初出现几年较小值，究其原因是在 70 年代初出现较频繁降雪。70 年代中后期温度则出现急剧增加。GG 蒸发互补模型计算得到的实际蒸发值 (图 3.5(d)) 检验出的结果是该流域的实际蒸发呈显著增加趋势，这与近年来全球变暖现象，气温上升有一定关系，而且近年来日照呈上升趋势，日照的增加也会引起蒸发增加。就日照时数 (图 3.5(e)) 而言，日照时数在近 50 年来呈上升趋势，虽然不是显著趋势，但是上升幅度较大，而且是阶段性上升。这与全球变暖、温度升高有极其密切的关系。总的来说，20世纪 60 年代为第一上升阶段，70 年代中期到 80 年代中后期为第二上升阶段，90 年代以后的上升比前面两个阶段放缓，到 2000 年以后甚至出现下降趋势。整个流域的径流 (图 3.5(f)) 存在一定年际波动现象，但是整体是下降的，且下降趋势显著。

表 3.2　趋势检验 p 值统计表

	降水	平均温度	日照时数	蒸发皿蒸发
p 值	0.9396(−)	*0.0001(+)	0.072(+)	0.0901(+)
	径流	实际蒸发	汛期降水	汛期径流
p 值	*0.0184(−)	*0.7764(−)	0.3247(−)	0.0534(−)
	黄河沿径流	吉迈径流	玛曲径流	
p 值	0.282(−)	0.1424(−)	*0.0319(−)	

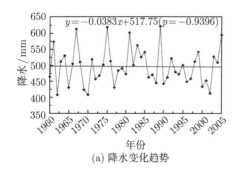

(a) 降水变化趋势

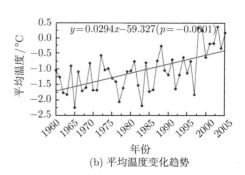

(b) 平均温度变化趋势

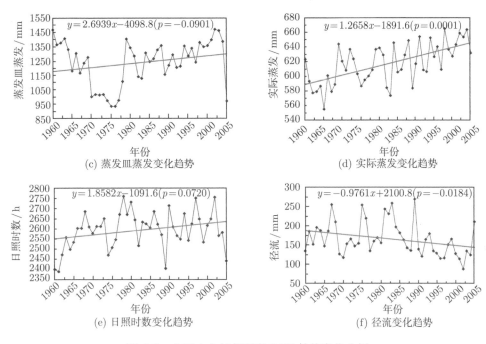

(c) 蒸发皿蒸发变化趋势   (d) 实际蒸发变化趋势

(e) 日照时数变化趋势   (f) 径流变化趋势

图 3.5 主要水文气象要素 MK 趋势变化分析

由降水 (图 3.5(a)) 与汛期降水 (图 3.6(a)),径流 (图 3.5(f)) 与汛期径流 (图 3.6(b)) 变化趋势的对比可以发现,汛期降水的趋势与降水的趋势,汛期径流与径流的变化趋势基本是一致的。汛期降水的下降趋势相对于整个时期的降水更明显,但趋势不显著,汛期径流量的下降则没有年际径流量下降那么明显。

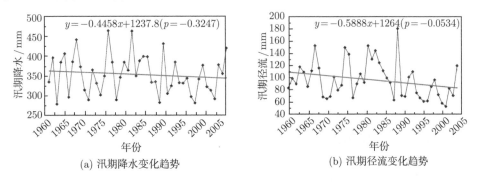

(a) 汛期降水变化趋势   (b) 汛期径流变化趋势

图 3.6 汛期降水和汛期径流趋势分析

　　将整个黄河源区按水文控制站分为四个子流域，即源头-黄河沿，黄河沿-吉迈，吉迈-玛曲，玛曲-唐乃亥四个部分，从平均状况看，吉迈-玛曲区间的径流深最大，源头-黄河沿的径流深最小。分别分析四个子流域的径流深可以看出源头-黄河沿 (图3.7(a))、吉迈-玛曲 (图3.7(c))、玛曲-唐乃亥 (图 3.7(d)) 三个子流域的下降趋势相对较大，黄河沿-吉迈区间(图3.7(b))虽呈下降趋势，但是趋势相对于其他三个子流域小。其与整个流域的径流量 (图 3.5(f)) 变化比较，整个流域径流量的下降趋势更为明显。

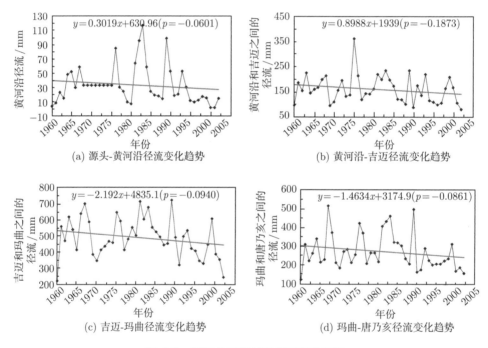

图 3.7　源区各子流域的径流变化情况

　　黄河源区海拔地势高，属于典型高寒气候区，因此冻土和积雪是比较典型的水文过程。黄河源区冻土和积雪的年际变化见图3.7。由于两种要素的资料年限较短，故不进行显著性检验。

　　根据降雪年际变化 (1960~1998 年)，从图 3.8(a) 可以看出，黄河源区的降雪总体处于平稳趋势，除了 1975 年出现一个较大值外，其余各年的降雪量均处在比较平稳的状态，根据资料可以得出这是由于 1975

年该地区频繁降雪的缘故。冻土资料较少，一般采用影响冻土较为显著的浅层地温随地下不同深度的年际变化情况来分析冻土的变化情况，地温在期资料年限较短，采用 1980~1998 年资料分析其年际变化情况，如图 3.8(b)。从地温的变化可以明显看出该区域季节性冻土的年际变化。由图可以看出，黄河源区地表以下 5cm 深度存在温度跃变，该处地温比地表温度平均高 0.8℃，而 10~40cm 深度地温变化较小。因此，大致可以推断黄河源区在期降雪和冻土不存在显著变化趋势。

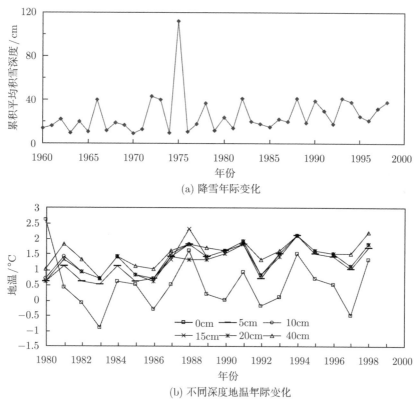

(a) 降雪年际变化

(b) 不同深度地温年际变化

图 3.8 黄河源区典型气候要素分析

从图 3.5(c) 和图 3.5(d) 可以看出蒸发皿蒸发 ET_0 和由 GG 蒸发互补模型计算的实际蒸发 E_a 的趋势是一致的，均呈上升趋势。不同季节的蒸发皿蒸发和实际蒸发对比 (图 3.9) 分析可以发现两者在不同季节趋势一致。由此可以得出采用 GG 蒸发互补模型在该流域计算实际蒸发值是可行的。

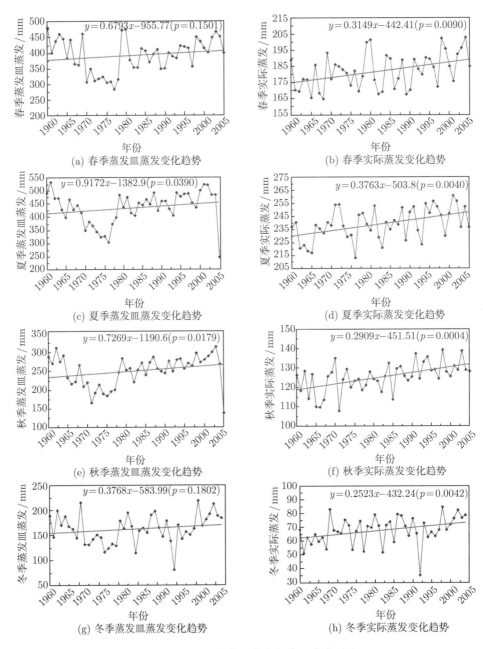

图 3.9　分季节蒸发皿蒸发与实际蒸发对比

3.3　本章小结

近几十年以来气候变暖已经引起了诸如大气中水汽含量增加、极端降水增多、雪盖面积减少、大范围的山区冰川融化退缩、土壤水和径流等大尺度水文循环的变化。2003~2012 年黄河源区年平均气温、日照时数、蒸发量均有上升趋势，径流亦有增加的趋势，降水量无明显增大或减小趋势。

第4章　高寒江河源区径流变化特征归因初析

4.1　方　法　介　绍

根据前文分析可知,黄河源区径流变化与冻土分布及冻融过程有关,所以黄河源区径流在不同季节可能表现出不同的变化趋势,例如冻土退化导致的径流增加主要发生在冬季月份。曼-肯德尔 (Mann-Kendall, MK) 趋势检验方法假设样本抽取自 n 个独立同分布的随机变量,不考虑变量趋势变化的季节性差异。Hirsch 等提出的季节性曼-肯德尔 (Seasonal Mann-Kendall, SMK) 趋势检验方法对趋势性变化的季节性差异敏感,适用于黄河源区水文变量趋势性变化的检验分析,使得枯水期径流趋势性变化不会被丰水期径流较大的波动变化所掩盖。

SMK 方法设 $X = (X_1, X_2, \cdots, X_{12})$, $X_i = (X_{i1}, X_{i2}, \cdots, X_{i12})$, X 为全部样本,X_i (i 代表月份,取 $1, 2, \cdots, 12$) 为子样本,每个子样本 X_i 包含第 i 个月在 n_i 年的观测值。SMK 方法原假设为: X 为独立随机变量 (x_{ij}) 的样本,X_i 为独立同分布的随机变量 $i = 1, 2, \cdots, 12$ 的子样本。备择假设为: 至少有一个子样本不满足同分布。Hirsch 等定义的检验统计量为各季节统计量之和:

$$S_s = \sum_{i=1}^{n_s} S_i \tag{4.1}$$

式中, n_s 为季节数 (这里为 12 个月),各季节统计量为该季节检验时段内的累积净变化:

$$S_i = \sum_{k=1}^{n_i-1} \sum_{j=k+1}^{n_i} \mathrm{sgn}(x_{ij} - x_{ik}) \tag{4.2}$$

式中, n_i 为第 i 个月的观测记录数,sgn 为符号函数。对 S_s 作连续性校

正后 S_s 近似满足正态分布。所以统计量:

$$Z = \frac{S_s - \mathrm{sgn}(S_s)}{\sqrt{\mathrm{var}(S_s)}} \tag{4.3}$$

为原假设条件下均值为 0, 方差为 1 的正态分布。可通过查询标准正态分布表得到趋势不显著, 即 $|Z| > Z_{1-P/2}$ 的概率 P, 则趋势显著性为 $1 - P/2$。检验统计量 S_s 的方差可通过将各个季节统计量的方差求和得到:

$$\mathrm{var}(S_s) = \sum_{i=1}^{n_s} \frac{n_i(n_i-1)(2n_i+5)}{18} + 2\sum_{i=1}^{n_s-1}\sum_{j=i+1}^{n_s} \sigma_{ij} \tag{4.4}$$

式中, σ_{ij} 为第 i 和 j 月检验统计量的协方差。

Hirsch 等同时给出了估计趋势的方法, 定义:

$$d_{ijk} = \frac{x_{ij} - x_{ik}}{j - k} \tag{4.5}$$

式中, $i = 1, 2, \cdots, 12$; $1 \leqslant k < j \leqslant n_i$。趋势估计值 B 为 d_{ijk} 的中值, 该计算方法受观测数据的极值以及季节性影响较小。

趋势显著性检验及计算的时段选择方法分别以 1961~2012 年的各年为起始年, 计算时段长选择大于等于 20 年, 并以 5 年为增量。所以趋势计算的时段选择为 1961~1980 年, 1961~1985 年, 1961~1990 年, $\cdots$, 1962~1981 年, 1962~1986 年, $\cdots$

4.2 降雨和温度对径流的影响

1. 单变量多时段趋势分析

图 4.1、图 4.2 和图 4.3 分别给出了黄河源区唐乃亥、玛曲、吉迈水文站以上子流域月径流量、平均气温、降水量序列 SMK 趋势检验显著性水平为 95% 的不同时段的月值变化趋势, 图中线条的始末端包含的时间段为趋势计算的时段, 线条的颜色表示趋势数值大小。在各变量趋势性检验显著的时段中, 径流在多数时段表现出减小的趋势, 气温均表现

出升高的趋势, 降水也均表现出增加的趋势。降水趋势性变化显著的时段数目远少于径流和气温趋势显著的时段数, 这可能是因为降水波动变化剧烈, 导致某些时段虽然有增加趋势, 但趋势性检验不显著 (计算发现降水的变异系数是径流的 4 倍)。

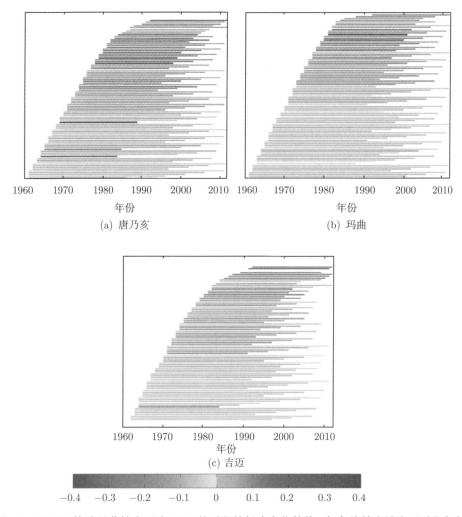

图 4.1　SMK 检验显著性水平为 95% 的时段的径流变化趋势, 每条线始末端表示时段起始和终止时间, 线条长度代表时段长度, 线条颜色代表趋势大小 (单位: mm/a)

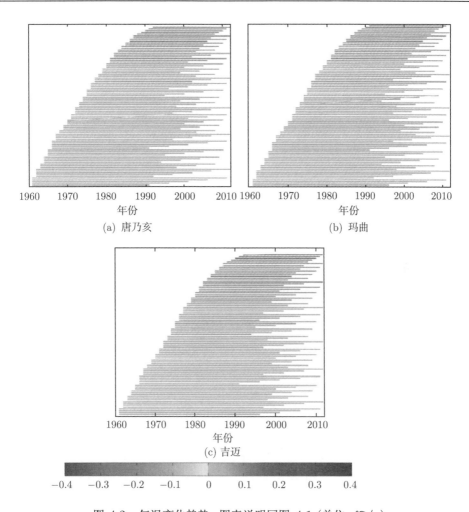

图 4.2　气温变化趋势, 图表说明同图 4.1 (单位: ℃/a)

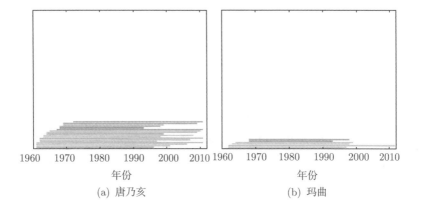

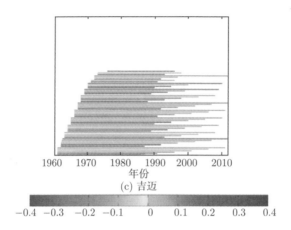

图 4.3　降水变化趋势, 图表说明同图 4.1 (单位: mm/a)

2. 径流与降水多时段趋势比较

为进一步分析径流变化原因, 图 4.4 给出了径流趋势性变化显著时段的降水变化趋势, 图 4.5 给出了径流趋势性变化显著时段降水变化趋势和径流变化趋势的散点关系。对比图 4.1 和图 4.4, 参照图 4.5 可发现, 在径流显著减少的多数时段内降水均表现出增加的趋势, 表明在这些时段内降水不是控制径流变化的主要因素, 径流减少主要由于气温升高引起的蒸散发加剧或者降水往冻土融化后的活动层的下渗量增加导致。但在降水增加数值较大的时段, 降水增加仍会导致径流出现增加的趋势, 如唐乃亥水文站以上在 1961~1985 年、1964~1983 年、1965~1984 年、1969~1988年以及起始年份为 1990 年及以后的各时段。在跨度较长的时间段内, 黄河源区的径流多表现出减少趋势, 这种趋势主要由黄河源区 1990 年以后径流偏少所致。而在跨度较短的时间段内, 黄河源区径流可表现出增加的趋势, 黄河源区径流增加在 1990 年以后的各时段内表现得最为明显, 主要是因为在这些时段内降水量增加趋势较大, 足以在供给气温升高引起增散发或下渗消耗加剧以后仍能贡献径流量的增加。1980 年以后径流增加的时段主要发生在吉迈以上区域 (图 4.1), 表明冻土覆盖面积比例较大的区域在气温升高的情况下冻土融化导致的基流增加更加显著。

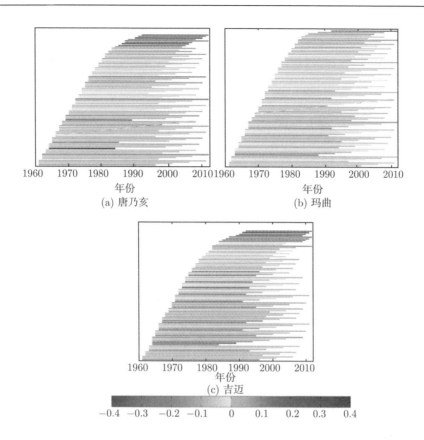

图 4.4 径流趋势性变化显著的时段对应的降水变化趋势, 图表说明同图 4.1 (单位: mm/a)

根据图 4.5 可知, 黄河源区各子流域以上各时段降水与径流趋势性变化的关系主要表现为降水增加, 径流减少; 降水减少, 径流减少; 降水增加, 径流增加。不管是何种变化趋势组合, 径流的趋势均小于降水的趋势, 表明降水不是控制黄河源区径流变化的主要原因, 径流变化主要受气温控制。气温在各时段均表现出增加的趋势, 气温升高可能导致冻土覆盖区永久冻结层下移, 进而有更多的降水可以下渗补给含水层, 导致年径流量减少。地下水储量和补给量的增加可能导致基流增加进而导致冬季径流退水过程减缓。另外, 气温增加导致蒸散发增加, 会导致径流量减少。综上所述, 黄河源区径流减少的趋势主要可归因于气温升高引起蒸散发加剧或者永久冻结层下移以后引起的下渗增加。

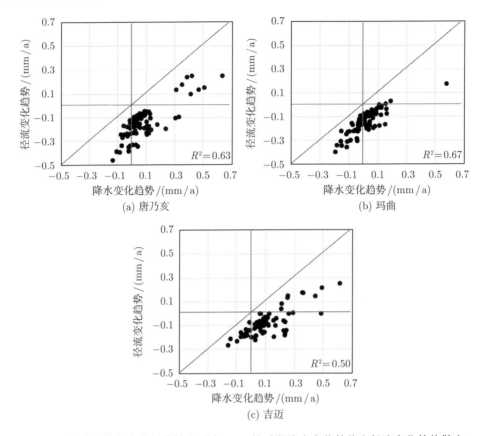

图 4.5   径流趋势性变化显著性水平为 95% 的时段降水变化趋势和径流变化趋势散点

4.3   蒸散发对径流的影响

在分别求取黄河上游流量时间平均值和相应流域气象站气温、降水时空平均值的基础上，采用统计方法计算了蒸发量、气候倾向率。本节对蒸发量的初步估算采用高桥浩一郎公式：

$$E = \frac{3100R}{3100 + 1.8R^2 \exp\left(-\dfrac{43.4T}{235.0 + T}\right)}$$

式中，E 为月蒸发量；R 为月降水量；T 为月平均气温。该公式在物理上考虑了两个影响实际蒸发最主要的物理因子，反映出的蒸发特征是与干旱半干旱地区实际状况相吻合。

由高桥浩一郎公式计算得出的 1961~2009 年黄河源区蒸发量年际变化曲线 (图 4.6) 可以看出，49 年来，黄河源区年蒸发量呈显著增大趋势，其气候倾向率为 6.3mm/10 a，并通过了 99.9% 信度的显著性水平检验。从 6 次多项式拟合曲线来看，蒸发阶段性波动不明显，但近几年来特别是 2005 年后该地区年蒸发量较前期有明显的上升态势，这与平均气温的年际变化相符。可见，源区气温的普遍升高对蒸发量显著增大的趋势起到了促进的作用。

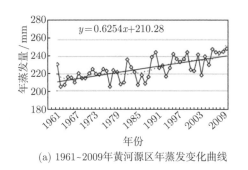 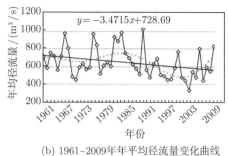

(a) 1961~2009年黄河源区年蒸发变化曲线　　(b) 1961~2009年年平均径流量变化曲线

图 4.6　1961~2009 年黄河源区蒸发量和径流量年变化曲线

(实线为线性趋势线，虚线为 6 次多项式拟合曲线)

图 4.6(a) 给出了蒸散发趋势性变化显著的时段的变化趋势，图 4.6(b) 给出了实测径流趋势变化显著时段的蒸散发变化趋势。与不同时段气温变化趋势相似 (图 4.2)，蒸散发主要表现为增加的趋势，而相应的同时段内径流量则呈现下降趋势。由此可见，黄河源区气温升高是蒸散发增加的原因之一，而蒸散发在多数时段的增加又是导致多数时段径流出现减少趋势的原因之一。

4.4　冻土变化对径流的影响

冻土作为不透水层，其冻融状态直接影响流域下垫面对径流过程的调蓄作用。由于缺乏流域尺度冻土变化过程的监测记录，分析径流过程的变化可以在一定程度上反映冻土变化状态对径流过程的影响。牛丽等[59]研究了 1950~2010 年黄河源区唐乃亥站径流变化过程，发现唐乃亥站除 6 月份径流表现出增加趋势以外，其余各月均表现出减少趋势。

高寒流域冬季降水多以固态形式存在，无液态降水直接补给河川径流，冬季径流大部分为秋季径流退水过程的延续。1950~2010 年时段内，黄河源区冬季径流的减少与夏秋季径流的减少变化一致，冬季径流减少可能与夏秋季径流减少有关，而夏秋季径流量的减少与降水量减少密切相关。所以黄河源区各月径流量的变化趋势并不能对黄河源区冻土融化对径流变化是否有影响以及如何影响作出确切结论。在 1950~2010 年时段内，黄河源区唐乃亥水文站最大和最小月径流都表现出减少趋势，这进一步说明黄河源区冬季径流与夏秋季径流变化关系密切。

1950~2010 年时段内，黄河源区玛多气象站年负积温表现出增加趋势，而唐乃亥水文站最大月径流和最小月径流的比值表现出减小趋势，年负积温增加是冻土退化的标志，而最大月径流和最小月径流比值减小表明多年冻土退化，流域对径流调蓄作用增强，径流退水过程减缓[59]。另外，定义流域退水系数 RC 为 1 月径流量与上年 12 月径流量的比值。计算 1950~2010 年时段内退水系数发现，黄河源区唐乃亥站退水系数呈现减小趋势。如果流域冻土退化，则地下水蓄水库库容将增加，径流退水过程将减缓，退水系数应该表现出增加趋势。唐乃亥站退水系数减小的情况不能支持黄河源区冻土退化加强了下垫面对径流的调蓄作用的假设。

由图 1.2 可知，黄河源区连续多年冻土主要分布在黄河沿水文站以上子流域。若仅使用唐乃亥水文站的径流过程分析黄河源区冻土退化的潜在水文效应，冻土退化的水文效应会被非冻土覆盖区域的下垫面的调蓄作用弱化。所以使用唐乃亥水文站径流资料进行分析并不能很好地说明冻土退化对径流的可能影响。本研究重新计算了黄河源区各水文站 1961~2012 年月径流退水系数，如图 4.7 所示。由于黄河沿水文站径流缺测严重，并且资料质量不理想，虽然黄河沿水文站的月径流退水系数一并给出，但是不作为分析依据。

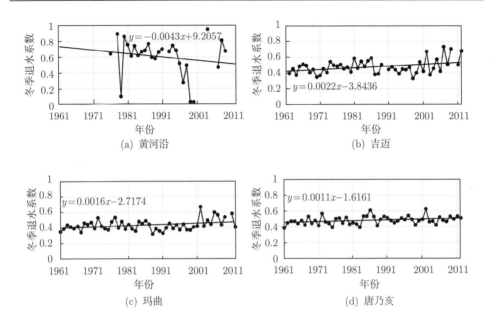

图 4.7　1961~2012 年黄河源区各水文站实测径流过程冬季退水系数 (1 月径流/上年 12
月径流),同时给出了线性拟合趋势线 (直线) 和趋势线公式

　　由图 4.7 可知,在 1961~2012 年计算时段内,吉迈、玛曲、唐乃亥水
文站冬季退水系数均表现出增加趋势,且越往流域上游冬季退水系数增
加趋势越大。由于多年冻土主要分布在流域上游,故越是上游的子流域,
冻土覆盖面积占该子流域的面积比例越大,冻土退化所表现出的水文效
应越显著。所以,黄河源区冬季径流退水系数增加,并且越是靠近上游
的水文站,冬季径流退水系数增加趋势越大,能够支持黄河源区多年冻
土退化对径流过程产生的影响。

　　由于陆面水储量观测数据只在 2002 年以后由 GRACE 重力卫星提
供,在 2003~2012 年计算时段内,黄河源区陆面水储量表现出增加趋势,
故本章进一步给出 2003~2012 年黄河源区各水文站冬季径流退水系数
(图 4.8)。

　　由图 4.8 可见,相比于 1961~2012 年的计算时段 (图 4.7),2003~2012
年内,黄河源区冬季径流退水系数同样表现出增加趋势,且越靠近流域
上游的水文站径流过程的冬季退水系数趋势越大。这与多年冻土退化的

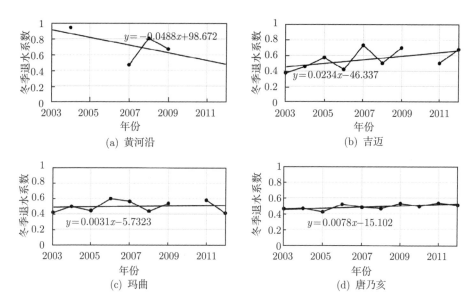

图 4.8　2003~2012 年黄河源区各水文站实测径流过程冬季退水系数 (1 月径流/上年 12
月径流),同时给出了线性拟合趋势线 (直线) 和趋势线公式

水文效应以及陆面水储量增加的事实吻合。并且吉迈、玛曲和唐乃亥站
2003~2012 年冬季退水系数增加的趋势均大于同站在 1961~2012 年冬季
退水系数的增加趋势,表明冻土退化加速,与气温升高加速吻合 (图 4.2)。
多年冻土退化会引起下垫面对径流调蓄能力的改变,而已有研究在分析
黄河源区径流变化原因时均未考虑陆面水储量变化对径流过程的影响,
这进一步突显了本研究的必要性与重要性。然而,影响冬季径流量以及
退水过程的因素还有很多,仍需分析诸多因素的综合影响效应。

4.5　本　章　小　结

本章基于实测降水、气温、径流资料,分析了黄河源区水文变量的趋
势性及不同变量之间的相关性,结合分析冬季径流退水过程以及 GRACE
陆面水储量变化过程,对不同时段黄河源区径流过程变化的主要原因及
其组合作用机理提出分析假设。结果表明:

(1) 黄河源区多年冻土覆盖面积比例较大的上游区域径流与气温变

化呈现正相关性，并且冬季径流和夏季气温的相关性最大。多年冻土面积覆盖比例较小的下游区域径流与气温变化呈现负相关性。冻土覆盖面积比例较大的区域受气温升高冻土融化影响，基流对冬季径流补给增加显著，故气温与径流呈正相关。冻土覆盖面积比例较小的下游区域降水较丰富，蒸散发受能量供给控制，气温升高将导致蒸散发加剧，径流减少，故气温与径流呈负相关。

(2) 黄河源区不同时段降水、气温和径流分别以增加、升高和减少趋势为主。降水量的变化是径流量变化的直接原因。尽管不同季节气温-径流的相关性分析表明黄河源区径流变化在不同地区表现为不同的特征，但在较长时段内，气温持续升高引起的蒸散发加剧还是使得全区径流量表现出减少的趋势。在降水增加趋势较大的时段，主要是 1980 年以后，降水增加也会导致径流出现增加的趋势。

(3) 分析径流退水过程发现，气温升高能够导致冻土融化，进而引起基流增加，使得冬季退水过程减缓。黄河源区连续多年冻土主要分布在源区上游地区，故冻土退化导致的冬季径流退水过程减缓在上游地区更加显著，并且陆面水储量增加也主要分布在上游冻土覆盖区域。

第 5 章　基于 VIC 模型的江河源区径流模拟

5.1　VIC 模型介绍

VIC(Variable Infiltration Capacity) 模型是基于 SVATS(Soil Vegetation Atmospheric Transfer Schemes) 机制的大尺度分布式水文模型，也称 "可变下渗容量模型"。VIC 最初是由 Wood 等[60] 采用新安江模型的蓄满产流机制[61] 开发的单一土壤层模型。Liang 等改进了原来的单层模型，同时考虑植被种类和裸土蒸发的次网格异质性，开发出考虑两层土壤的 VIC-2L 模型[62]。VIC 模型基于物理机制计算感热和潜热通量，采用概念性机制模拟直接径流和地下径流。Liang 等在两层 VIC 模型的基础上增加 10cm 薄顶层改进模型对裸土蒸发的模拟精度，形成了具有三层土壤层的 VIC-3L 模型[63]。关于 VIC 模型发展的详细历程，具体可参考 Gao 等关于模型的综述[64]。

VIC 可同时考虑水量平衡及能量平衡，考虑积雪融雪及土壤冻融过程，同时考虑冠层蒸发、植被蒸腾以及裸土蒸发，还有直接径流和地下径流的参数化，以及退水过程的非线性问题。VIC 模型考虑了地表植被类型的异质性、土壤下渗能力空间分布不均匀性和降水空间分布不均匀性。VIC 模型结构[65] 参见图 5.1。本章对 VIC 模型的主要特征，包括模型假设、基本模块、输入输出变量及参数，进行概述，同时分析该模型在黄河源区的适用性。

5.1.1　VIC 模型蒸散发计算

VIC 模型将模拟区域按网格划分，每个网格内假设有 $N+1$ 种地表覆盖类型，其中第 $1 \sim N$ 种为植被，第 $N+1$ 种为裸土。不同植被类型使用叶面积指数、冠层阻抗以及植被根系在各土壤层所占的比例进行描

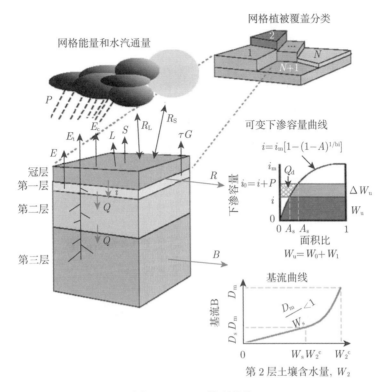

图 5.1 VIC 模型结构

述。网格内针对不同的植被覆盖下的土壤层分别计算蒸散发、下渗、土层之间的水分交换、产流、潜热通量、感热通量、土壤热通量。整个网格的水量和能量通量及状态量按照不同植被覆盖的面积比例进行加权求和。图 5.2 为 VIC 任一网格中垂直和水平特征的概化[62]。VIC 模型考虑三种蒸发形式，包括植被冠层蒸发 (E_c, mm)、叶面蒸腾 (E_t, mm) 和裸土蒸发 (E_1, mm)。总的蒸散发为三种蒸散发形式的面积加权和，如图 5.1 所示。

$$E = \sum_{n=1}^{N} C_n \cdot (E_{c,n} + E_{t,n}) + C_{N+1} \cdot E_1 \tag{5.1}$$

式中，C_n 为第 N 种植被类型所占面积百分比，C_{n+1} 为裸土面积百分比，$\sum_{n=1}^{N+1} C_n = 1$。

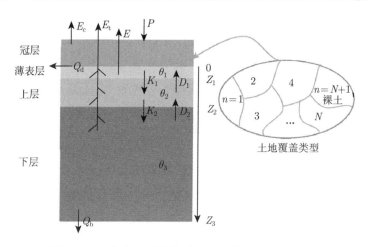

图 5.2   VIC 任一网格模型垂直和水平特征概化

1. 冠层蒸发

当冠层有截留水时，冠层按照最大蒸发速率蒸发，对于某种植被覆盖类型，冠层最大蒸发可按下式计算：

$$E_c^* = \left(\frac{W_i}{W_{im}}\right)^{2/3} E_p \frac{r_w}{r_w + r_0} \tag{5.2}$$

式中，W_i 是冠层的截流量，W_{im} 是冠层截流能力，r_0 表示叶面和上覆空气层之间的比湿梯度变化产生的结构阻抗，r_w 是水分传输的空气动力学阻抗，E_p 是将 Penman-Monteith 方程的冠层阻抗设置为 0 时计算的潜在蒸发。

冠层最大截流量可根据各月叶面积指数按照下式计算：

$$W_{im} = K_L \times LAI[m] \tag{5.3}$$

式中，$LAI[m]$ 为某种植被覆盖类型在第 m 个月时的叶面积指数，K_L 为常数，可取 0.2mm。

E_p 按下式计算：

$$\lambda_v E_p = \frac{\Delta(R_n - G) + \rho_a c_p (e_s - e_a)/r_a}{\Delta + \gamma} \tag{5.4}$$

式中 λ_v 为蒸发潜热，J/kg；R_n 为净辐射量，W/m^2；G 为土壤热通量，W/m^2；$(e_s - e_a)$ 为空气饱和水汽压差，Pa；r_a 为空气动力学阻抗，ρ_a 为标准气压下空气密度，kg/m^3；c_p 为空气比热容，J/(kg·K)；Δ 为饱和水汽压曲线梯度，Pa/K；γ 为气象学常数，66 Pa/K。

当降水速率小于冠层最大蒸发速率时，冠层实际蒸发 (E_c，mm) 按下式计算：

$$E_c = f \cdot E_c^*, \quad f = \min\left(1, \frac{W_i + P \cdot \Delta t}{E_c^* \cdot \Delta t}\right) \tag{5.5}$$

式中, f 为冠层截流水被冠层蒸发完全消耗所需时间占整个计算时间步长的比例。

2. 植被蒸腾

植被蒸腾 (E_t，mm) 按照下式计算：

$$E_t = \left[1 - \left(\frac{W_i}{W_{im}}\right)^{2/3}\right] E_p \frac{r_w}{r_w + r_o + r_c} \tag{5.6}$$

式中，r_c 为冠层阻抗，s/m，按照下式计算：

$$r_c = \frac{r_{0c} g_T g_{vpd} g_{PAR} g_{sm}}{LAI} \tag{5.7}$$

式中，r_{0c} 为根据植被参数确定的最小冠层阻抗；g_T，g_{vpd}，g_{PAR} 和 g_{sm} 分别为温度因子、水汽压差因子、有效光合辐射因子和土壤湿度因子，可按照 Wigmosta 等提供的方法计算[66]。

其中土壤湿度因子 g_{sm} 描述了植被根系层土壤含水量对植被蒸腾的抑制作用，可以表达为

$$g_{sm}^{-1} = \begin{cases} 1, & W_j \geqslant W_j^{cr} \\ \dfrac{W_j - W_j^{w}}{W_j^{cr} - W_j^{w}}, & W_j^{w} \leqslant W_j \leqslant W_j^{cr} \\ 0, & W_j < W_j^{w} \end{cases} \tag{5.8}$$

式中，W_j 为第 $j(j=1,2)$ 层土壤含水量，W_j^{cr} 为土壤含水量阈值，当土壤含水高于此阈值时，植被蒸腾不受土壤含水量抑制，W_j^{w} 为永久凋萎点土壤含水量。

植被蒸腾所需的水分可以从第一层土壤或者第二层土壤获取，从各层土壤获取的水分可由根系在各土层中的比例 f_1 和 f_2 确定。如果根系在某土层中所占比例大于 0.5，并且该层土壤含水量 W_j 大于土壤含水量阈值 W_j^{cr}，那么不管另一土层含水量大小如何，植被蒸腾不受土壤含水量的限制。否则，植被蒸腾为从各土层中蒸腾量的按照各土层中根系比例的加权和：

$$E_{\text{t}} = f_1 E_1^{\text{t}} + f_2 E_2^{\text{t}} \tag{5.9}$$

当降水速率小于冠层蒸发速率，时段内冠层截流量无法满足冠层蒸发量时，冠层蒸发只在计算时段内的一部分时间发生，此时植被蒸腾分两部分进行计算：

$$E_{\text{t}} = (1-f)E_{\text{p}}\frac{r_{\text{w}}}{r_{\text{w}}+r_{\text{o}}+r_{\text{c}}} + f \cdot \left[1 - \left(\frac{W_i}{W_{im}}\right)^{2/3}\right]E_{\text{p}}\frac{r_{\text{w}}}{r_{\text{w}}+r_{\text{o}}+r_{\text{c}}} \tag{5.10}$$

第一项表示只有植被蒸腾，没有冠层蒸发；第二项表示同时存在冠层蒸发和植被蒸腾；f 为按式 (5.5) 计算的发生冠层蒸发的时间占整个计算时段长的比例。

3. 裸土蒸发

VIC 模型裸土蒸发只发生在薄顶层。当表层土壤饱和时，裸土蒸发按照潜在蒸发能力蒸发：

$$E_1 = E_{\text{P}} \tag{5.11}$$

当表层土壤不饱和时，使用 Arno 公式计算实际蒸发速率[67]。此时的蒸发速率与下渗容量、地形以及土壤性质的异质性有关。Arno 公式根据下渗容量异质性描述实际蒸发速率。下渗容量参照新安江模型描述土壤蓄水容量空间异质性的形式[61] 按照下式计算：

$$i = i_m[1-(1-A)^{1/b_i}], \quad i_m = (1+b_i)\cdot\theta_{\text{S}}\cdot|z| \tag{5.12}$$

式中，i_m 为最大土壤下渗容量；A 是下渗容量比 i 小的面积占总面积的百分比；b_i 是下渗曲线形状参数；θ_S 为土壤孔隙度；z 为薄顶层厚度，此处为 z_1。以上参数只针对薄顶层土壤。

模型假设在土壤含水量达到土壤蓄水容量的部分时，裸土蒸发按照蒸发能力蒸发；在土壤含水量未达到蓄水容量的部分时，裸土蒸发按照土壤含水量占土壤蓄水容量的比例蒸发[62]，计算公式如下：

$$E_1 = E_p \left\{ \int_0^{A_S} \mathrm{d}A + \int_{A_S}^1 \frac{i_0}{i_m[1-(1-A)^{1/b_i}]} \mathrm{d}A \right\} \tag{5.13}$$

式中，A_S 代表饱和裸土的面积比例，i_0 代表相应的下渗能力。

5.1.2 VIC 模型计算土壤含水量以及产流量

在计算土壤水运动时，VIC 模型假设在薄顶层和上层土壤中没有侧向水流运动。在最初的 VIC-2L 模型中使用 Brooks-Corey 关系式计算饱和水力传导度，并按下式计算从第一层向第二层渗透的重力水 Q_{12}：

$$Q_{12} = K_s \left(\frac{W_1 - \theta_r}{W_1^c - \theta_r} \right)^{\frac{2}{B_p}+3} \tag{5.14}$$

式中，K_s 为饱和水力传导度，mm/d；θ_r 为剩余水分含量；B_p 是土壤孔隙大小分布指数；W_1 和 W_1^c 分别为土壤含水量和饱和土壤含水量。

在改进后的 VIC-3L 模型中，使用一维 Richard's 方程描述土壤水运动：

$$\frac{\partial \theta}{\partial t} = \frac{\partial}{\partial z} \left[D(\theta) \frac{\partial \theta}{\partial z} \right] + \frac{\partial K(\theta)}{\partial z} \tag{5.15}$$

式中，θ 为体积含水率，$D(\theta)$ 为土壤水扩散率，mm²/d；$K(\theta)$ 为水力传导度，mm/d；z 为土层厚度。

对式 (5.15) 分别在深度范围 $[-z_1, 0]$ 和 $[-z_2, 0]$ 内积分，同时考虑降水和蒸散发对土壤含水量的影响，可得：

$$\int_{z_i}^0 \frac{\partial \theta}{\partial t} \mathrm{d}z = \int_{-z_i}^0 \frac{\partial}{\partial z} \left[D(\theta) \frac{\partial \theta}{\partial z} \right] \mathrm{d}z + \int_{-z_i}^0 \frac{\partial K(\theta)}{\partial z} \mathrm{d}z \tag{5.16}$$

$$\int_{-z_i}^0 \frac{\partial \theta}{\partial t} \mathrm{d}z = \frac{\partial}{\partial t} \int_{-z_i}^0 \theta \mathrm{d}z = \frac{\partial}{\partial t} \left(\frac{1}{z_i} \int_{-z_i}^0 \theta \mathrm{d}z \right) z_i \tag{5.17}$$

$$\int_{-z_i}^{0} \frac{\partial}{\partial z}\left(D(\theta)\frac{\partial \theta}{\partial z}\right)\mathrm{d}z = D(\theta)\frac{\partial \theta}{\partial z}\bigg|_{0} - D(\theta)\frac{\partial \theta}{\partial z}\bigg|_{-z_i} = -D(\theta)\frac{\partial \theta}{\partial z}\bigg|_{-z_i} \qquad (5.18)$$

$$\int_{-z_i}^{0} \frac{\partial K(\theta)}{\partial z}\mathrm{d}z = K(\theta)|_{0} - K(\theta)|_{-z_i} = I - E - K(\theta)|_{-z_i} \qquad (5.19)$$

因此，

$$\frac{\partial \theta_i}{\partial t} \cdot z_i = I - E - K(\theta)|_{-z_i} - D(\theta)\frac{\partial \theta}{\partial z}\bigg|_{-z_i}, \quad \theta_i = \frac{1}{z_i}\int_{-z_i}^{0}\theta\mathrm{d}z \qquad (5.20)$$

式中，I 为下渗率，$\mathrm{mm/d}$，等于降雨量 (或者冠层截流后的净雨量) 与直接径流量的差值；对于裸土，E 为按式 (5.13) 计算的裸土蒸发；对于有植被覆盖的区域，E 为植被蒸腾量。

基于大尺度的考虑，VIC 模型在计算产流时忽略不透水面积的计算。VIC-3L 模型使用变下渗容量曲线考虑产流的空间异质性。模型假设直接径流产生于最上面的两层土壤中，采用基于新安江模型蓄满产流参数化方案计算直接径流：

$$Q_{\mathrm{d}} = \begin{cases} P - z_2 \cdot (\theta_{\mathrm{s}} - \theta_2) + z_2 \cdot \theta_{\mathrm{S}} \cdot \left(1 - \dfrac{i_0 + P}{i_m}\right)^{1+b_i}, & P + i_0 \leqslant i_m \\ P - z_2 \cdot (\theta_{\mathrm{s}} - \theta_2), & P + i_0 \geqslant i_m \end{cases}$$
$$(5.21)$$

对于第三层土壤，模型假设同时存在不饱和带的土壤水分运移和饱和带的地下径流。由于 VIC 模型不显式计算地下水位，所以 VIC-3L 模型使用与 VIC-2L 模型同样的集总式方法，采用基于 Arno 模型的概念性方法计算地下径流[67]，公式如下：

$$Q_{\mathrm{b}} = \begin{cases} \dfrac{D_{\mathrm{s}}D_{\mathrm{m}}}{W_{\mathrm{s}}\theta_{\mathrm{s}}} \cdot \theta_3, & 0 \leqslant \theta_3 \leqslant W_{\mathrm{s}}\theta_{\mathrm{s}}, \\ \dfrac{D_{\mathrm{s}}D_{\mathrm{m}}}{W_{\mathrm{s}}\theta_{\mathrm{s}}} \cdot \theta_3 + \left(D_{\mathrm{m}} - \dfrac{D_{\mathrm{s}}D_{\mathrm{m}}}{W_{\mathrm{s}}}\right)\left(\dfrac{\theta_3 - W_{\mathrm{s}}\theta_{\mathrm{s}}}{\theta_{\mathrm{s}} - W_{\mathrm{s}}\theta_{\mathrm{s}}}\right)^2, & \theta_3 \geqslant W_{\mathrm{s}}\theta_{\mathrm{s}} \end{cases}$$
$$(5.22)$$

式中，Q_{b} 是地下径流；D_{m} 是地下径流最大流量；D_{s} 是 D_{m} 的一个比例系数；W_{s} 是最大土壤含水量 (孔隙度) θ_{s} 的一个比例系数，且 $D_{\mathrm{s}} \leqslant W_{\mathrm{s}}$；$\theta_3$ 为第三层土壤含水量。

第三层土壤的水量平衡可以表示为

$$\theta_3 = \frac{1}{z_3 - z_2} \int_{-z_3}^{-z_2} \theta \mathrm{d}z$$

$$\frac{\partial \theta_3}{\partial t} \cdot (z_3 - z_2) = K(\theta)\Big|_{-Z_2} + D(\theta)\frac{\partial \theta}{\partial z}\Big|_{-Z_2} - E - Q_b \tag{5.23}$$

对于有植被覆盖的土壤,模型假定降水先满足植被冠层截流,蒸散发来源于冠层截流水的蒸发和土壤含水量由于植被蒸腾作用的散发。经截流和蒸散发消耗以后剩余的净雨量用于产流计算,计算方法同上。VIC模型在计算产流的同时将水源分开,上层土壤产生直接径流,下层土壤产生地下径流。在分别计算各种植被覆盖下的地表径流和地下径流以后,通过面积加权平均,可以求得计算网格上总的直接径流和地下径流。计算的直接径流和地下径流之和即为该网格向河网贡献的总径流量。

5.1.3 VIC 模型冻土模块计算

本章研究区域为典型寒区,寒区冻土固态水含量直接影响土壤下渗,间接影响土壤与上覆层的热量交换[68]。土壤季节性冻结深度受地表温度昼夜循环的影响。受气候变化影响,源区多年冻土退化,土壤蓄水能力改变,源区下垫面对径流的调蓄能力改变[69]。源区冻土的季节性和年际变化对源区径流过程有重要的影响。

VIC 模型可以模拟土壤冻融过程对降水下渗及产流的影响,模型将土壤水分通量和能量通量分开进行计算。在一个时间步长内,VIC 先计算土壤热通量,根据计算得出的土壤温度分布剖面,计算各层液态水和固态水的比例,再根据计算所得固态水含量计算土壤水分通量,并且根据此时土壤中液态水和固态水的比例更新土壤热力学属性,然后开始下一个计算步长的热通量和水分通量计算。

模型使用以下方程描述土柱热通量:

$$C_s \frac{\partial T}{\partial t} = \frac{\partial}{\partial z}\left(\kappa \frac{\partial T}{\partial z}\right) + \rho_i L_f \left(\frac{\partial \theta_i}{\partial t}\right) \tag{5.24}$$

式中,κ 为土壤热传导系数,W/(m·K);C_s 为土壤体积热容量,J/(m³·K);T

为土壤温度，℃；ρ_i 为冰的密度，kg/m³；L_f 为冰的融化潜热，J/kg；θ_i 为土壤层的含冰量，m³/m³；t 为时间，s；z 为深度，m，取自地面向下为正。式 (5.24) 中最后一项表示土壤融化过程中的潜热变化，所以仅当土壤冻结时采用。

VIC 使用 T_s 和 T_1 代表第一层土壤上表面和下表面的温度，使用 T_b 代表整个土柱下表面的温度，在 T_1 和 T_b 之间用户可以自定义任意数量的温度节点。

在一个时间步长内，VIC 使用显式有限差分算法数值求解土壤热通量。将式 (5.24) 应用于各个不连续的土壤层可以得到以下各式：

$$C_s \frac{\partial T}{\partial t} = C_s \frac{T_i^1 - T_i^{t-1}}{dt} \tag{5.25}$$

$$\frac{\partial \kappa}{\partial z} \frac{\partial T}{\partial z} = \left(\frac{\kappa_{i+1}^t - \kappa_{i-1}^t}{z_{i+1} + z_{i-1}} \right) \left(\frac{T_{i+1}^t - T_{i-1}^t}{z_{i+1} + z_{i-1}} \right) \tag{5.26}$$

$$\kappa \frac{\partial^2 T}{\partial z^2} = \kappa_i^t \frac{2T_{i+1}^t + 2T_{i-1}^t - 4T_i^t - 2(\Delta z_1 - \Delta z_2)f'(z)}{\Delta z_1^2 + \Delta z_2^2} \tag{5.27}$$

$$\rho_i L_f \frac{\partial \theta_i}{\partial t} = \rho_i L_f \frac{(\theta_i)_i^t - (\theta_i)_i^{t-1}}{dt} \tag{5.28}$$

将以上各项代入式 (5.24) 可得：

$$\begin{aligned}
C_s \frac{T_i^1 - T_i^{t-1}}{dt} = & \left(\frac{\kappa_{i+1}^t - \kappa_{i-1}^t}{z_{i+1} + z_{i-1}} \right) \left(\frac{T_{i+1}^t - T_{i-1}^t}{z_{i+1} + z_{i-1}} \right) \\
& + \kappa_i^t \frac{2T_{i+1}^t + 2T_{i-1}^t - 4T_i^t - 2(\Delta z_1 - \Delta z_2)f'(z)}{\Delta z_1^2 + \Delta z_2^2} \\
& + \rho_i L_f \frac{(\theta_i)_i^t - (\theta_i)_i^{t-1}}{dt}
\end{aligned} \tag{5.29}$$

式中，$f'(z) = (T_{i+1}^t - T_{i-1}^t)/\alpha$。

使用式 (5.29) 计算时，初始土壤温度分布剖面采用站点观测数据，或者根据空气温度估算。下边界的温度值 T_b 设置为年平均气温，上边界温度值根据土壤表面能量平衡计算的温度确定。

VIC 使用均匀分布概化冻土的空间异质性。先使用上述算法计算土柱的平均温度分布剖面，再根据均匀分布给出各土层温度的范围。

冻土主要通过两种方式影响土壤水分传输，第一是影响可利用土壤水量，第二是影响可以传输的土壤水量。根据上面土壤能量通量计算得出的土壤温度分布剖面，将土壤进一步分为融化层、冻结层和未冻结层。对于冻结层，根据该层平均温度计算固态水含量。在水量平衡计算时，根据包含固态水和液态水在内的总的土壤含水量计算降雨下渗量以及产流量，但只根据液态水含量计算各层之间的土壤水通量。

尽管 VIC 能考虑土壤冻融对水文过程的影响，但是受土层深度设定限制，土壤冻融只限定于模型模拟深度内，这与黄河源区冻土实际的冻融深度不完全吻合。多年冻土融化，土壤蓄水能力改变，土壤最大点蓄量和蓄水容量改变，所以要考虑模拟过程中水量平衡模块的参数变化。然而 VIC 模型冻土模块只考虑了土壤水相态变化引起的热力学属性的变化，并未考虑土壤调蓄能力的改变。

5.2 VIC 模型在黄河源区的率定及验证

本书设置 VIC 模型模拟的空间分辨率为 $0.125° \times 0.125°$，模拟时段长为 1961 年 1 月 1 日 ~ 2012 年 12 月 31 日，模拟时间步长设为 3 h。

5.2.1 模型输入数据

1. 气象驱动数据

本研究使用中国气象科学数据共享服务网提供的《中国地面气候资料日值数据集 V3.0》制备气象驱动文件。该数据集包含中国 824 个基准、基本气象站 1951 年 1 月以来本站气压、气温、降水量、蒸发量、相对湿度、风向风速、日照时数和 0cm 地温要素的日值数据，数据集经严格质量控制，各要素数据实有率在 99% 以上，数据正确率接近 100%。本研究气象资料来源于黄河源区范围内及周边 22 个台站的气象观测记录，使用的气象要素包括 20-20 时累计降水量、日最高气温、日最低气温、平均风速。使用 Maurer 等[69] 介绍的方法将站点观测资料插值为 $0.125° \times 0.125°$ 网格形式的 VIC 驱动文件。

2. 土壤参数化数据

VIC 模型输入的土壤参数包括两种类型,一类是土壤特性参数,如孔隙度、土壤容重、饱和水力传导度等,这类参数一经确定即无需变动。本研究基于北京师范大学陆-气交互过程研究小组发布的 $30' \times 30'$《中国土壤属性数据集》[19] 和《中国土壤水力参数数据集》[20] 来确定这类参数。《中国土壤属性数据集》基于中国 8979 个土壤剖面理化属性数据以及 1 : 1 000 000 中国土壤地图制备,相比于以往研究中使用的 FAO/UNESCO 全球 5′ 土壤地图,数据精度有较大提高[1]。《中国土壤水力参数数据集》基于中国 8979 个土壤剖面理化属性数据以及 1 : 1 000 000 中国土壤地图,使用土壤传递函数 (Pedo-Transfer Functions, PTFs) 估计土壤水力参数,相比于以往研究中根据土壤质地分类查表所得的土壤水力参数,该数据集能更好地反映土壤水力参数的空间异质性[25]。

另一类参数一般不易通过观测获取,需要通过比较模拟值和观测值进行率定,这类参数及其对模拟结果的影响将在参数率定一节进行详细介绍。表 5.1 列出了 VIC 模型土壤参数文件各列数值的名称及含义。

表 5.1   VIC 模型土壤参数

序号	参数名	单位	层数	含义
1	run_cell	N/A	1	1 表示运行网格,0 表示不运行
2	gridcel	N/A	1	网格编号
3	lat	degrees	1	网格中心纬度
4	lon	degrees	1	网格中心经度
5	infilt	N/A	1	可变下渗能力曲线形状参数
6	Ds	fraction	1	非线性基流发生时占 Ds_{max} 的比例
7	Dsmax	mm/d	1	基流最大流速
8	Ws	fraction	1	非线性基流发生时占最大土壤含水量的比例
9	c	N/A	1	下渗曲线指数,通常设为 2
10	expt	N/A	Nlayer	饱和水力传导度变化指数

续表

序号	参数名	单位	层数	含义
11	Ksat	mm/d	Nlayer	饱和水力传导度
12	phi_s	mm/mm	Nlayer	土壤含水量扩散系数
13	init_moist	mm	Nlayer	初始土壤含水量
14	elev	m	1	网格平均高程
15	depth	m	Nlayer	每个土壤层厚度
16	avg_T	℃	1	土壤热通量下边界求解用到的网格平均土壤温度
17	dp	m	1	土壤热衰减深度 (4m)
18	bubble	cm	Nlayer	土壤气压
19	quartz	fraction	Nlayer	土壤石英含量
20	bulk_density	kg/m^3	Nlayer	土层体积密度
21	soil_density	kg/m^3	Nlayer	土壤颗粒密度 (一般 2685 kg/m^3)
22	off_gmt	h	1	研究网格距离 GMT 的时区偏差
23	Wcr_FRACT	fraction	Nlayer	临界点土壤含水量占最大土壤含水量比例 (大约 70%)
24	Wpwp_FRACT	fraction	Nlayer	凋萎点土壤含水量占最大土壤含水量比例
25	rough	m	1	裸土表面糙率
26	snow_rough	m	1	积雪场表面糙率
27	annual_prec	mm	1	平均年降水量
28	resid_moist	fraction	Nlayer	土壤层残留水量
29	fs_active	1 或 0	1	1 表示开启冻土算法, 0 表示即使土壤温度低于 0 ℃也不使用冻土算法
30	July_Tavg	℃	1	可选参数, 7 月土壤平均气温, 用于树木年轮计算

3. 植被参数化数据

VIC 模型中的植被参数使用植被参数库文件和植被参数文件共同描述。

植被参数库文件描述不同类型植被的特定参数，包括结构阻抗、最小气孔阻抗、叶面积指数、短波辐射反照率等。本研究使用的植被参数库文件中的植被参数根据 LDAS (Land Data Assimilation System) 提供的植被参数确定。

植被参数文件描述各个网格内各种植被类型的分布情况，包括各种植被类型占网格面积的比例、根系层厚度、不同根系层中根系所占的比例。本研究使用马里兰大学开发的全球 1km 陆面覆盖类型数据集[70] 对研究区地表覆盖进行参数化，选取其中第 1 到 11 种植被类型进行研究。

5.2.2 模型能量平衡及土壤水热通量计算参数设置

VIC 模型控制能量平衡和土壤水热通量计算的参数主要在全局参数文件 (Global Parameter File) 中设置。表 5.2 列出了与本研究密切相关的部分全局控制参数的名称、取值及含义。

表 5.2   VIC 模型部分全局控制参数

参数名	单位	取值	含义
NLAYER	N/A	3	土壤层数
NODES	N/A	10	土柱热通量计算节点数
TIME_STEP	h	3	模型时间步长
SNOW_STEP	h	3	积融雪模块时间步长
STARTYEAR	a	1961	起始年
STARTMONTH	mon	1	起始月
STARTDAY	d	1	起始日
STARTHOUR	h	0	起始时
ENDYEAR	a	2012	结束年
ENDMONTH	mon	12	结束月
ENDDAY	d	31	结束时
FULL_ENERGY	TRUE or FALSE	TRUE	考虑水量和能量平衡

续表

参数名	单位	取值	含义
FROZEN_SOIL	TRUE or FALSE	TRUE	考虑冻土
QUICK_FLUX	TRUE or FALSE	FALSE	使用有限单元法计算土壤热通量
IMPLICIT	TRUE or FALSE	TRUE	使用隐格式计算土壤热通量
NO_FLUX	TRUE or FALSE	TRUE	使用零通量下边界计算土壤热通量
EXP_TRANS	TRUE or FALSE	TRUE	按指数函数布置土壤热通量计算节点

5.2.3　VIC 模型在黄河源区的参数率定

VIC 模型中部分参数可以根据站点或卫星观测数据计算获得。另一部分参数由于概念性较强，无具体物理观测量与之对应，或者空间异质性较强，观测量无法代表模型网格尺度的有效参数值，这一部分参数则需要通过率定确定其最优值使得模型模拟量与观测量之间的误差最小。

VIC 模型产流和汇流过程分开计算，汇流计算相关参数通常根据模拟经验进行预估，无需特别率定。产流过程需要率定的参数主要为较敏感的参数，包括下渗容量曲线形状参数 infilt，地下径流最大流速比例参数 Ds，地下径流产流土壤含水量阈值比例参数 Ws，地下径流最大流速 Ds_{max} 和土壤层厚度 soil depth。

Ds、Ds_{max}、Ws 为 Arno 模型地下径流计算的参数。Ds 为土壤含水量饱和时地下径流量占最大地下径流量的比例，取值范围为 0~1，Ds 增大时，地下径流量增大。Ds_{max} 为最下层土壤在计算时段内能够产生的最大地下径流量，即当土壤含水量达到饱和含水量，并且 Ds 取 1 时的时段地下径流量，取值范围为 0~30，Ds_{max} 越大，地下径流量越大。Ws 为最下层实际土壤含水量与饱和土壤含水量比例的阈值，最下层实际土壤含水量与饱和土壤含水量的比例小于 Ws 时，地下径流量随土壤含水量呈线性变化，否则呈非线性变化。Ws 取值范围为 0~1。Ws 较大时，需要较高的土壤含水量才能使地下径流量呈非线性快速增加，所以 Ws 增大将使径流峰值后移。

infilt 为描述土壤变下渗能力曲线形状的参数，通常取值为 0 ~ 0.4，infilt 增大将会使下渗量减少，从而产流量增加。soil depth 为各土壤层厚度，第一层取值常固定为 0.1m，其他各层取值常取 0.1~1.5m，土层厚度增加将会使基流过程减缓，基流控制的季节性径流的峰值降低，蒸散发量增加。

水文模型参数率定通常采用人工试错法或者参数自动优选法。人工试错法可以依据调试者的模型使用经验，结合参数的物理意义，当调试者模型使用经验丰富时，可以在较短的时间内得到一组较好的结果，但该方法具有一定的主观性，当调试者缺乏模拟经验时，将会花费较长时间。参数自动优选使用模型参数寻优的数值算法，借助于电子计算机，可以在很大程度上减少模型调试的人工时间投入，调试结果也较为理想。本研究使用随机自启动单纯形法 (Random Autostart Simplex Method) 进行参数优选，初始化参数共选 75 组，优化次数设置为 15 次。优化目标为流域出口唐乃亥水文站以及上游玛曲水文站模拟日径流过程与实测日径流过程之间的 Nash-Sutcliffe(NS) 效率系数最大。模型率定期选为 1961~1970 年，验证期选为 1971~2012 年。参数率定结果见表 5.3。

表 5.3　VIC 模型在黄河源区参数优选结果

参数名	定义	建议取值范围	最优值
infilt	变下渗容量曲线形状参数	0~0.4	0.2
Ds	非线性地下径流发生时地下径流占 Dsmax 的比例	0~1	0.6
Ws	非线性地下径流发生时土壤含水量占饱和土壤含水量的比例	0~1	0.65
D2	第二层土壤厚度/m	0.1~1.5	0.25
D3	第三层土壤厚度/m	0.1~1.5	0.15

本章使用平均相对误差 (mean relative error，MRE) 和 NS 效率系数 (nash-sutcliffe efficiency) 作为模型率定和验证结果的评价指标。平均相对误差计算方法为

$$MRE = \frac{\overline{S} - \overline{O}}{\overline{O}} \tag{5.30}$$

NS 效率系数计算方法为

$$NS = 1 - \frac{\sum_{i=1}^{N}(O_i - S_i)^2}{\sum_{i=1}^{N}(O_i - \overline{O})^2} \tag{5.31}$$

式中，O_i 和 S_i 分别为第 i 时段的观测值和模拟值；$\overline{O}$ 和 $\overline{S}$ 分别为模型计算时段内观测和模拟的日流量的平均值；N 为总的计算时段数。

表 5.4 给出了 VIC 模型在黄河源区率定期和验证期的模拟效果评价指标值，同时给出了验证期中不同年代的评价指标值。对于唐乃亥站和玛曲站径流过程，VIC 模型在率定期和验证期上的平均相对误差均在 ±10% 以内，NS 效率系数达到 0.8，表明 VIC 模型能够较好地模拟唐乃亥站和玛曲站的径流过程。而在 1971~2012 年的验证期中，1971~1990 年模型模拟结果的效率系数较高，平均相对误差绝对值较大；1991~2012 年模型模拟结果的平均相对误差较小，但是效率系数较低。模型对吉迈和黄河沿水文站径流过程的模拟效果较差，各时期平均相对误差均超过了 10%，并且效率系数均未达到 0.8。这与需要率定的参数在全流域所有网格中取用统一值有一定关系，并且黄河沿站径流资料质量较差，也是造成模拟结果较差的原因。

表 5.4　VIC 模型在黄河源区率定期和验证期模拟性能评估

计算时期	指标	黄河沿	吉迈	玛曲	唐乃亥
率定期 (1961~1970 年)	MRE/%	107	16	−5.5	−7.1
	NS	−5.8	0.51	0.81	0.86
验证期 (1971~2012 年)	MRE/%	148	22	−2.5	−4.4
	NS	−4.4	0.41	0.81	0.82
验证期 (1971~1980 年)	MRE/%	129	8.8	−5.0	−6.9
	NS	−5.6	0.54	0.78	0.83
验证期 (1981~1990 年)	MRE/%	58	16	−9.3	−12
	NS	−1.8	0.54	0.86	0.87
验证期 (1991~2000 年)	MRE/%	283	39	2.6	1.3
	NS	−14	0.037	0.76	0.74
验证期 (2001~2012 年)	MRE/%	297	26	3.1	2.1
	NS	−15	0.29	0.77	0.78

　　图 5.3 和图 5.4 给出了模型率定期和验证期模拟和实测日径流过程的对比。模型对黄河源区冬季和春季径流模拟的结果比实测值偏小，部分年份夏季径流峰值又比实测值偏大，模型模拟结果相对于实测值表现出"峰高谷低"的现象。模型已经以 NS 系数为目标调试到最优，出现这种"峰高谷低"的原因主要跟模型结构有关，分析见下文。

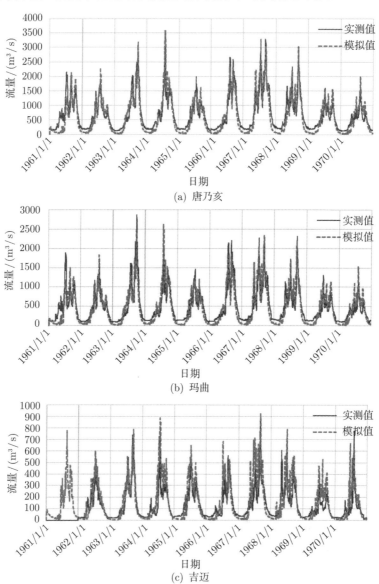

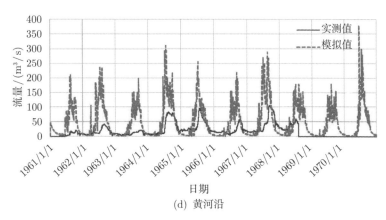

(d) 黄河沿

图 5.3   VIC 模型模拟的黄河源区 1961~1970 年 (率定期) 日径流过程与实测值对比

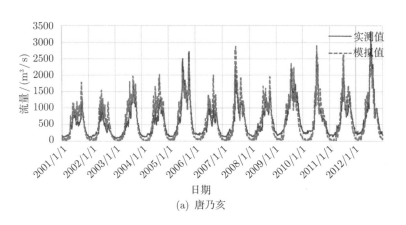

(a) 唐乃亥

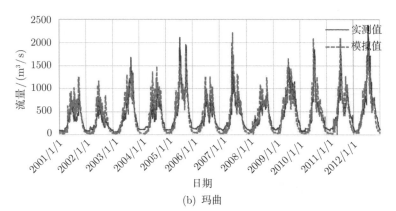

(b) 玛曲

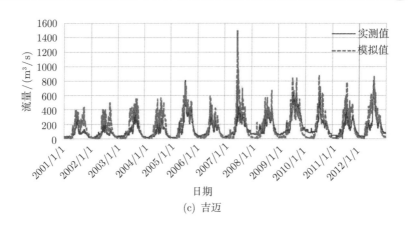

(c) 吉迈

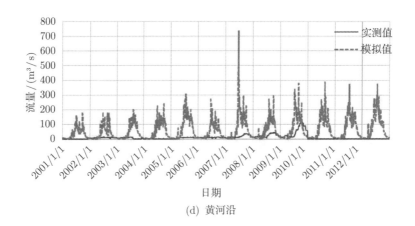

(d) 黄河沿

图 5.4 VIC 模型模拟的黄河源区 2001~2012 年 (验证期) 日径流过程与实测值对比

图 5.5 给出了模型模拟的蒸散发量 (ETVIC) 和基于 GRACE 数据由水量平衡方法反演的蒸散发 (ETGRACE) 月值过程的对比和散点关系。ETVIC 和 ETGRACE 季节性波动循环基本吻合,二者相关系数达 0.79($p < 0.0001$),平均相对误差为 −3.5%。但 NS 效率系数较低,仅为 0.23,效率系数较低主要是因为峰值和谷值相差较大。而出现模拟峰值偏高、谷值偏低主要是因为模型土壤层厚度小于流域下垫面参与降水调蓄的实际厚度,模型模拟的调蓄能力小于流域下垫面的实际调蓄能力,所以造成这种 "峰高谷底" 的现象。

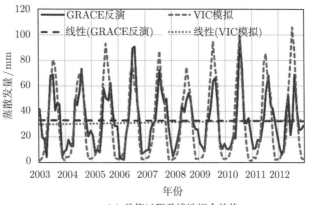

(a) 月值过程及线性拟合趋势

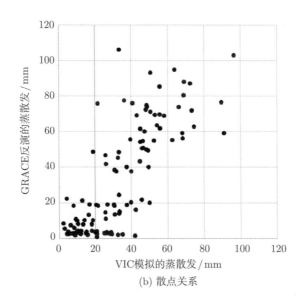

(b) 散点关系

图 5.5 VIC 模拟的与基于 GRACE 数据的水量平衡方法反演的蒸散发对比

图 5.6 给出了 VIC 模型模拟的土壤含水量与 GRACE 反演的陆面水储量月值变化过程的对比。VIC 模拟的土壤含水量 (固态水与液态水之和) 季节性波动较小，而土壤液态水含量有明显的季节性波动变化，固态水含量与液态水含量季节性波动变化相位相反 (图中未给出)。VIC 模型土壤层深度率定结果仅为 0.5m，而黄河源区陆面水储量变化不仅局限在表层 0.5m 范围内。GRACE 陆面水储量在 2003~2012 年期间表现出增加

的趋势，而 VIC 模拟的土壤含水量趋势性变化并不明显。表明水文模型并不能很好地模拟流域下垫面的调蓄作用。

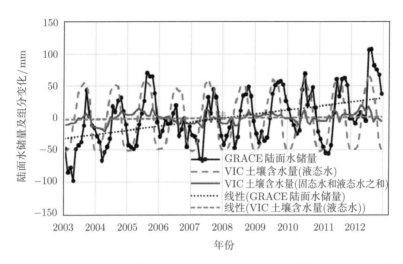

图 5.6　黄河源区 GRACE 反演的陆面水储量变化与 VIC 模型模拟的土壤含水量变化对比

5.3　黄河源区径流变化原因探讨

第 2、3 章基于 GRACE 数据和水文气象资料的分析表明，气候变暖背景下源区气温升高是导致黄河源区径流变化的根本原因。气温升高从两方面影响径流：一是气温升高导致蒸散发增加，使得黄河源区多数时段径流出现减少；二是气温升高引起冻土融化，导致陆面水储量增加，冬季径流退水过程减缓。本节基于 VIC 模型的模拟结果，从蒸散发变化和冻土变化两方面分析验证黄河源区径流变化的原因及作用机理。

5.3.1　VIC 模拟的径流变化特征

图 5.7 为唐乃亥站实测径流和模拟径流年值对比。模型能较好地反映径流的年际变化。受降水影响，径流在 1990 年以后降低到较低水平，此后又逐年升高。

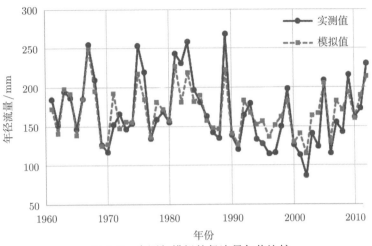

图 5.7 实测与模拟的径流量年值比较

图 5.8 给出了模拟径流月值过程 SMK 趋势检验显著性水平为 95%
的时段的趋势值。对比图 4.1，模拟径流有显著趋势性变化的时段比实测
径流少，但仍旧以减少趋势为主。与实测径流一样，模拟径流在 1990 年
以后有较多时段表现为增加趋势，这与 1990 年以后降水量的增加趋势
较大有关 (图 4.4)，表明 1990 年以后径流增加主要受降水增加控制。而
模拟径流显著增加的时段多于实测径流，这主要是因为模型模拟的蒸散
发可能小于实际蒸散发。图 5.5 对比分析表明，2003~2012 年模拟的蒸散
发月值比基于 GRACE 数据用水量平衡方法反演的蒸散发月值平均偏小
3.5%。模拟的蒸散发偏小导致在降雨输入增加的情况下径流更加容易表
现出增加的趋势。

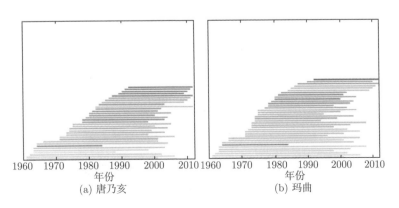

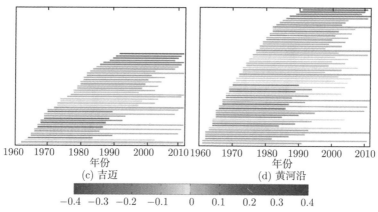

图 5.8　模拟径流变化趋势，图表说明同图 4.1 (单位：mm/a)

　　图 5.9 给出了观测径流趋势性变化显著时段的模拟径流的变化趋势。对比图 5.9 和图 4.1, 在唐乃亥站和玛曲站, 模拟径流与观测径流在相同

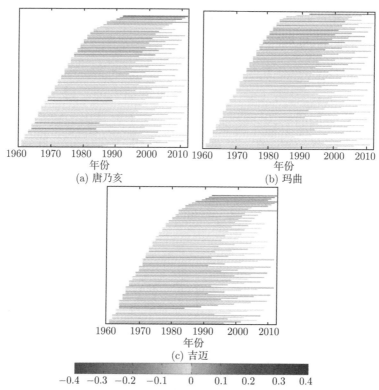

图 5.9　观测径流趋势性变化显著的时段对应的模拟径流的变化趋势, 图表说明同图 4.1

(单位：mm/a)

时段趋势变化的方向基本一致，但是模拟径流的趋势变化程度偏小。吉迈站有较多时段径流表现出增加的趋势，这与实际情况不符。吉迈站模拟径流表现出增加趋势的时段主要为降水增加趋势较大的时段 (图 4.4(c))。

5.3.2 蒸散发变化对径流变化的影响

图 5.10 给出了 VIC 模型模拟的蒸散发年值变化过程，以及不同时段的线性拟合趋势。1962~2012 年 VIC 模拟的蒸散发呈现增加的趋势，趋势值为 0.64mm/a，通过显著性水平为 95% 曼-肯德尔趋势检验。黄河源区蒸散发年值不仅呈现增加的趋势，并且增加的速率增加。1962~1990 年线性拟合趋势为 0.59mm/a，曼-肯德尔趋势检验不显著。1991~2012 年线性拟合趋势为 2.72mm/a，通过置信水平为 95% 的曼-肯德尔趋势性检验。

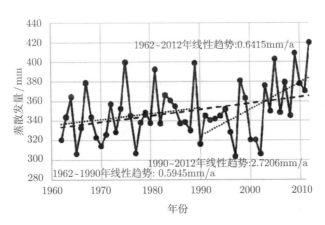

图 5.10 VIC 模型模拟的黄河源区蒸散发年值变化过程

图 5.11 为与图 5.10 中线性拟合趋势相对应的时段的趋势值的空间分布。1962~2012 年黄河源区蒸散发增加主要发生在源区上游地区；1962~1990 年黄河源区蒸散发增加主要发生在源区上游地区，最大值发生在黄河沿水文站以上区域；而 1991~2012 年黄河源区蒸散发主要发生在源区下游地区，最大值在唐乃亥水文站附近区域。

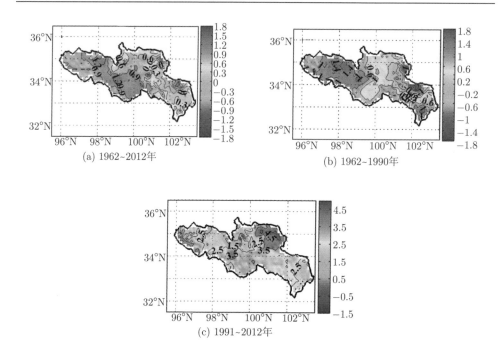

图 5.11　VIC 模型模拟的黄河源区蒸散发年值趋势空间分布 (单位: mm/a)

　　结合图 5.12,1962~2012 年,上游降水、蒸散发增加,气温升高,径流趋势变化较小,蒸散发增加受降水增加控制;下游降水、蒸散发、径流减少,气温升高趋势较小,主要受水量供给条件控制。1962~1990 年,上游降水、蒸散发、径流均增加,气温升高较少,上游气候较干燥,蒸散发增加主要为降水增加贡献;下游降水、蒸散发、径流均减少,主要受降水减少控制。1991~2012 年各水文要素均表现出增加的趋势,气温加速升高,水文循环加剧。

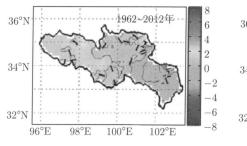

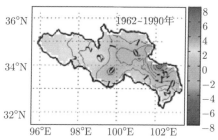

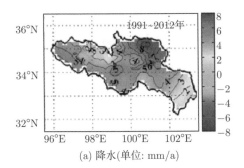

(a) 降水(单位: mm/a)

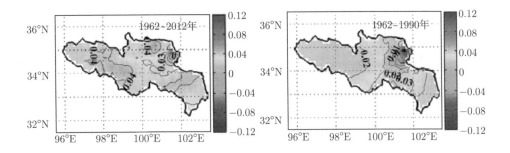

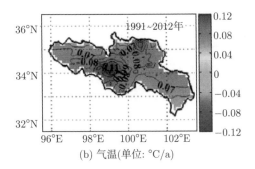

(b) 气温(单位: °C/a)

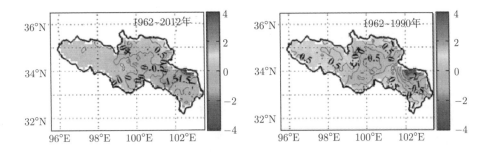

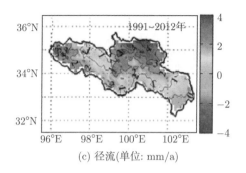

(c) 径流(单位: mm/a)

图 5.12　黄河源区降水、气温、径流变化趋势空间分布

图 5.13 给出了 VIC 模拟的黄河源区各月蒸散发变化趋势,同时给出了曼-肯德尔趋势显著性检验的 p 值。可以看出,蒸散发显著增加主要发生在夏季 6 月份。

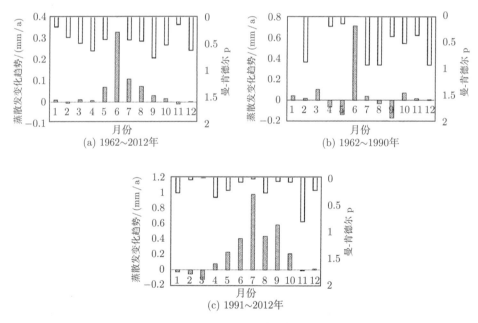

图 5.13　VIC 模型模拟的黄河源区各月蒸散发变化趋势

图 5.14 给出了蒸散发趋势性变化显著的时段的变化趋势,图 5.15 给出了实测径流趋势变化显著时段的蒸散发变化趋势。与不同时段气温变化趋势相似 (图 4.2),蒸散发主要表现为增加的趋势。黄河源区气温升高

是蒸散发增加的主要原因，而蒸散发在多数时段的增加又是导致多数时段径流出现减少趋势的主要原因。

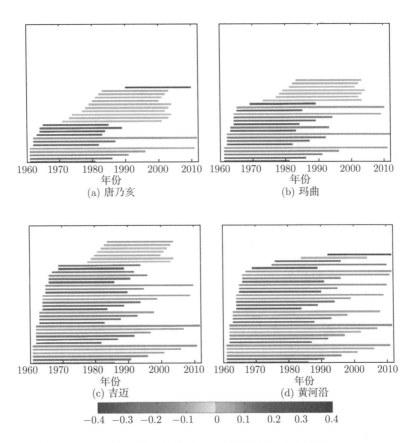

图 5.14 模拟蒸散发变化趋势，图表说明同图 4.3 (单位：mm/a)

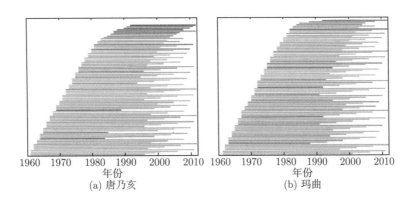

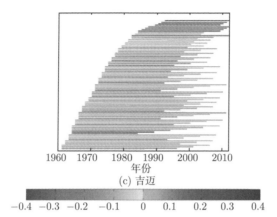

图 5.15   观测径流趋势性变化显著的时段对应的模拟蒸散发的变化趋势, 图表说明同图 4.3

(单位: mm/a)

5.3.3   冻土变化对径流变化的影响

图 5.16 给出了 VIC 模型模拟的黄河源区土壤含水量年值变化过程, 同时分别给出了固态和液态土壤含水量年值变化过程。1962~2012 年源区

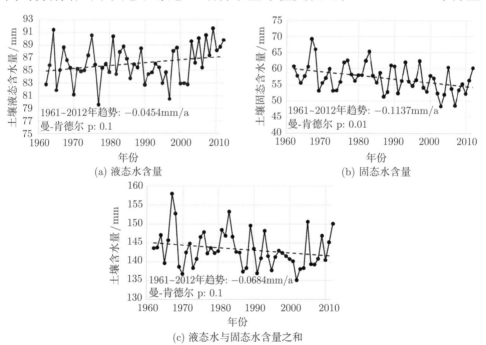

图 5.16   VIC 模拟的黄河源区土壤含水量年值变化过程, 同时给出线性拟合趋势以及曼-肯

德尔趋势显著性检验 p 值

土壤含水量和液态土壤水含量变化趋势分别为 -0.06mm/a 和 -0.05mm/a，曼-肯德尔趋势显著性检验 p 值均为 0.1，变化趋势不显著。但是 1962~2012 年土壤固态水含量呈现显著的减少趋势，变化趋势为 -0.11mm/a，曼-肯德尔趋势检验显著性为 99%，表明 VIC 模型能反应黄河源区气温升高的背景下冻土退化的趋势。

图 5.17 给出了土壤含水量变化趋势空间分布。1962~2012 年 VIC 模型模拟的黄河源区土壤液态水含量在除了玛曲水文站以上部分区域外的大部分区域均表现出增加的趋势。1962~1990 年土壤液态水含量在吉迈至唐乃亥水文站之间的大部分区域表现出减少趋势，1991~2012 年土壤液态水含量在全区均为增加趋势。1962~2012 年黄河源区除了黄河沿和吉迈水文站之间的部分区域，其余区域固态水含量均表现出减少的趋势。土壤含水量 (固态与液态之和) 在吉迈以上大部分区域表现出增加趋势，吉迈至唐乃亥之间大部分区域表现出减少趋势。VIC 模拟的上游区域土壤含水量增加与 GRACE 反演的陆面水储量变化结果一致。对照图 5.11，源区土壤含水量减少与蒸散发增加分布区域一致。气温升高导致更多土壤水以液态形式存在，固态水含量减少。

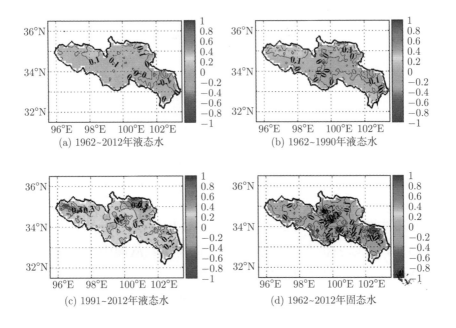

(a) 1962~2012年液态水　　　　(b) 1962~1990年液态水

(c) 1991~2012年液态水　　　　(d) 1962~2012年固态水

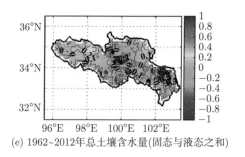

(e) 1962~2012年总土壤含水量(固态与液态之和)

图 5.17　VIC 模型模拟的土壤含水量变化趋势空间分布 (单位: mm/a)

　　图 5.18 给出了 VIC 模型模拟的黄河源区土壤含水量 1962~2012 年各月的变化趋势。土壤含水量减少主要集中在秋冬季,土壤液态含水量增加主要发生在冬春季,但规律性均不明显。而土壤固态水含量在各月均有发生,且夏秋季土壤固态水含量减少显著。

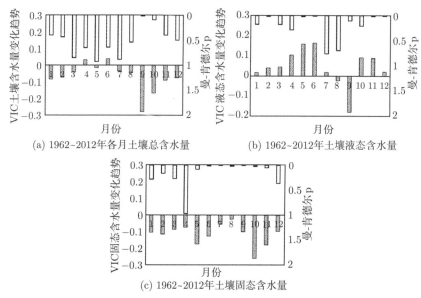

图 5.18　VIC 模型模拟的土壤含水量各月变化趋势 (单位: mm/a)

　　图 5.19 和图 5.20 给出了不同时段 VIC 模型输出的土壤固态水含量的变化趋势,用以表征黄河源区冻土变化情况。从图中可以看出,黄河源区土壤固态水不同时段均显著减少。表明气温升高的背景下冻土呈退化趋势。冻土退化是导致源区冬季径流退水过程减缓的重要原因。

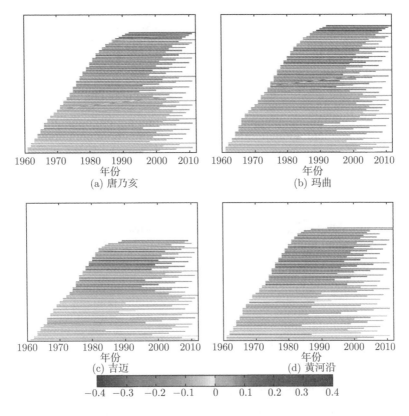

图 5.19　模拟土壤固态水含量变化趋势，图表说明同图 4.3 (单位: mm/a)

从图 5.20 可以看出，在观测径流趋势性变化显著的时段，土壤固态水含量均表现出减少趋势。气温趋势性升高较少的时段，模拟蒸散发增加较少，径流和土壤固态水含量趋势性减少也较小。

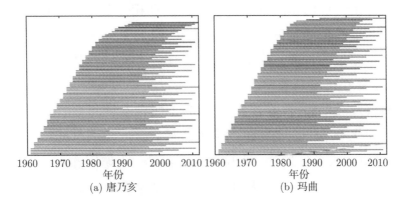

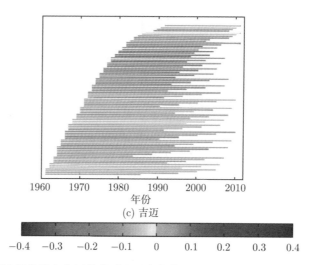

(c) 吉迈

$$-0.4 \quad -0.3 \quad -0.2 \quad -0.1 \quad 0 \quad 0.1 \quad 0.2 \quad 0.3 \quad 0.4$$

图 5.20　观测径流趋势性变化显著的时段对应的模拟土壤固态水含量变化趋势, 图表说明同
图 4.3 (单位: mm/a)

5.4　本 章 小 结

本章基于 VIC 模型模拟的黄河源区径流量、蒸散发量和土壤含水量, 分析了黄河源区径流变化的特征及其主要影响因素。结果表明:

(1)VIC 模型能较好地模拟黄河源区径流过程季节性和年际变化特征。对唐乃亥和玛曲站径流过程模拟较好, 但对于上游吉迈和黄河沿站的径流过程模拟效果较差。这一方面与同一参数在所有网格均取统一值有关, 另一方面也与上游水文站径流资料缺测严重有关。VIC 模拟的蒸散发与基于 GRACE 估算的蒸散发季节性波动相位变化吻合较好, 但模拟的蒸散发季节性波动幅度更加剧烈。VIC 模型土层深度设置并不能代表实际土壤调蓄层的深度, 降水入渗后集中在相对较浅的位置, 造成夏季易于蒸发, 冬季可供蒸散发的水量少, 所以模拟的蒸散发比基于 GRACE 估算的蒸散发波动幅度大。VIC 模拟的土壤含水量和 GRACE 反演的陆面水储量变化季节性波动相位吻合也较好。

(2) 模拟的蒸散发增加, 土壤含水量减少, 土壤固态水含量减少, 液态水含量增加。模拟结果支持了第 3 章根据实测降水、气温、径流资料分析得出的黄河源区径流变化主要影响因子组合及影响机制。源区气温升高，冻土融化引起的基流增加控制冬季径流量的年际波动，使得夏季气温-冬季径流表现出正相关性；气温升高导致的蒸散发加剧控制径流的趋势性变化，使得气温和径流表现出相反的变化趋势。

第6章　结论与展望

6.1　本书主要结论

本书结合 GRACE 重力卫星数据，以黄河源区作为高寒江河源区的典型，分析了高寒江河源区陆面水储量的年内和年际变化特征，以及空间分布特征。考虑流域水量和能量平衡，利用分布式 VIC 模型模拟河源区径流、土壤含水量、蒸散发、冻土等水文过程，探讨了冻土和蒸散发变化对源区径流过程的影响机制。主要结论如下：

(1) 2003~2012 年黄河源区陆面水储量显著增加，主要发生在源区上游，与连续多年冻土覆盖区域、降水量增加和气温升高区域一致。推测源区陆面水储量增加主要为降水增加和冻土退化导致。2003~2012 年唐乃亥站月径流量也表现出增加的趋势，径流量增加主要为降水量增加贡献。基于水量平衡方法计算的源区蒸散发量无明显的变化趋势。2003~2012 年源区径流量主要受降水量和陆面水储量变化影响，而蒸散发量变化对径流量影响较小。

(2) VIC 模型能较好地模拟黄河源区径流过程的季节性和年际变化特征。模拟径流和实测径流吻合度高，但模拟的土壤含水量和蒸散发量与 GRACE 反演结果差距较大。模型模拟的蒸散发增加，进而导致径流减少，土壤含水量减少。土壤固态水含量显著减少，液态水增加，表明冻土退化，土壤含水量更多的以液态形式存在。

(3) 黄河源区冻土覆盖面积比例较大的区域冬季径流与夏季气温正相关，冬季径流退水过程减缓明显，表明冻土融化后基流量增加，对冬季径流补给增加较为显著。而冻土覆盖面积比例较小的区域，径流与气温负相关，这些区域主要为源区下游，降水较丰沛，径流变化受气温升高引起的蒸散发增加控制。不同区域径流变化与降水和气温变化的关系，与区域平均气候特征以及冻土分布和冻融状态有着密切关系。

(4) 径流的长期趋势性变化呈减少趋势。降水充沛的下游区域，气温升高引起蒸散发加剧，导致径流减少。冻土覆盖面积比例较大的上游区域，气温升高可能导致冻土融化，永久冻结层下移，土壤蓄水能力增加。如果前期土壤处于缺水状态，降水入渗补给将增加，导致地表直接径流减少。同时地下水储量增加，基流增加，冬季退水过程减缓。但增加的基流相比于增加的蒸散发对径流的影响较小，径流变化主要受蒸散发增加的控制而表现出减小的趋势。降水增加较大的时段，增加的降水在满足蒸散发增加消耗以后还能贡献径流量，使得这些时段的径流量也表现出增加的趋势。

6.2　展　望

冻土融化对年径流的影响受冻土融化前土壤含水量状况影响较大。如果冻土融化前土壤处于饱和或者过饱和状态，那么冻土融化以后，土壤将会在一段时期内有多余的液态水释出，补给年径流，导致年径流增加。这一现象在北极冻土流域已有研究报道[21]。如果冻土融化前土壤含水量平均状态为缺水状态，比如永久冻结层下移以后土层中有大量较干燥的土壤进入活动层，那么冻土退化以后土壤缺水量增加，将会使得大量降水入渗补给土壤含水量，在一定时期内导致年径流减少。但是地下水储量增加会导致对基流的补给增加，使得冬季退水过程减缓。这与本研究 2003~2012 年的分析结果一致。

本研究中 1961~2012 年 VIC 模型模拟结果中，模型将气温升高条件下降水量分配为蒸散发增加，径流减少，土壤固态水含量减少，总的土壤含水量无显著趋势性变化。模型模拟的土壤含水量趋势性变化不明显与 2003~2012 年基于 GRACE 数据反演的陆面水储量显著增加不吻合。GRACE 监测的陆面水储量增加可能为深层地下水增加引起，VIC 模型模拟结果只反映了表层 0.5m 深度的土壤含水量的变化，故不能说明两者存在矛盾。而基于 GRACE 数据，使用水量平衡方法反演的蒸散发无显著趋势性变化，这与 VIC 模型模拟的蒸散发显著增加又存在矛盾。蒸散发无法进行实际测量，而不同的实际蒸散发估算方法计算的结果反映的蒸散发趋势性变化往往差异较大 (如 Gao 等[71]，Zhang 等[72])。GRACE 水量平衡方法反演蒸散发假设流域地表分水岭和地下分水岭重合，但这一传统水文学假设现已遭到越来越多的质疑，流域内或跨流域深层地下水对河川径流的补给[73]，以及基于环境示踪剂和径流过程的降雨-产流过程机理再认识[74] 逐渐受到研究人员的重视。

　　高寒江河源区冻土变化实地监测资料缺乏，为进一步研究源区径流变化原因以及冻土变化对源区径流变化的影响，有必要加强源区冻土变化及土壤含水量变化监测站点的建设。尽管本研究结论仍待进一步证实，但本文提出从陆面水储量变化的角度分析冻土变化对径流变化的可能影响，打破了传统径流变化原因分析的思维局限性，较为合理解释了冻土和蒸散发变化的径流效应，对深入认识气候变化背景下高寒区水文响应规律具有参考意义。

参 考 文 献

[1] Ipcc. Climate Change 2013: The Physical Science Basis Working Group I Contribution to the Fifth Assessment Report of the Intergovernmental Panel on Climate Change[R]. Cambridge, UK: Cambridge University Press, 2013.

[2] 樊萍, 王得祥, 祁如英. 黄河源区气候特征及其变化分析 [J]. 青海大学学报 (自然科学版), 2004, (01): 19-24.

[3] 王根绪, 沈永平, 程国栋. 黄河源区生态环境变化与成因分析 [J]. 冰川冻土, 2000, (03): 200-205.

[4] 杨建平, 丁永建, 刘时银, 等. 长江黄河源区冰川变化及其对河川径流的影响 [J]. 自然资源学报, 2003, (05): 595-602.

[5] Liu X D, Chen B D. Climatic warming in the Tibetan Plateau during recent decades[J]. International Journal of Climatology, 2000, 20(14): 1729-1742.

[6] 李万寿, 吴国祥. 黄河源头断流现象成因分析 [J]. 水土保持通报, 2000, (01): 8-11.

[7] 可素娟, 王玲, 杨汉颖. 黄河源区断流成因及其对策初探 [J]. 水利水电科技进展, 2003, (04): 10-13.

[8] 郑新民. 黄河源区生态环境问题与对策 [J]. 人民黄河, 2000, (01): 29-32.

[9] 万力, 曹文炳, 周训, 等. 黄河源区水环境变化及黄河出现冬季断流的原因 [J]. 地质通报, 2003, (07): 521-526.

[10] 陈利群, 刘昌明. 黄河源区气候和土地覆被变化对径流的影响 [J]. 中国环境科学, 2007, (04): 559-565.

[11] 王根绪, 沈永平, 刘时银. 黄河源区降水与径流过程对 ENSO 事件的响应特征 [J]. 冰川冻土, 2001, (01): 16-21.

[12] 张国胜, 李林, 时兴合, 等. 黄河上游地区气候变化及其对黄河水资源的影响 [J]. 水科学进展, 2000, (03): 277-283.

[13] 郑红星, 刘昌明. 黄河源区径流年内分配变化规律分析 [J]. 地理科学进展, 2003, (06): 585-590.

[14] 刘晓燕, 常晓辉. 黄河源区径流变化研究综述 [J]. 人民黄河, 2005, (02): 6-8.

[15] 周德刚, 黄荣辉. 黄河源区径流减少的原因探讨 [J]. 气候与环境研究, 2006, (03): 302-309.

[16] 李树德, 程国栋. 青藏高原冻土图 [Z]. 兰州: 甘肃文化出版社, 1996.

[17] 金会军, 赵林, 王绍令, 等. 青藏高原中、东部全新世以来多年冻土演化及寒区环境变化 [J]. 第四纪研究, 2006, (02): 198-210.

[18] 张森琦, 王永贵, 赵永真, 等. 黄河源区多年冻土退化及其环境反映 [J]. 冰川冻土, 2004, (01): 1-6.

[19] Shangguan W, Dai Y, Liu B, et al. A China data set of soil properties for land surface modeling[J]. Journal of Advances in Modeling Earth Systems, 2013, 5(2): 212-224.

[20] Dai Y, Shangguan W, Duan Q, et al. Development of a China Dataset of Soil Hydraulic Parameters Using Pedotransfer Functions for Land Surface Modeling[J]. Journal of Hydrometeorology, 2013, 14(3): 869-887.

[21] Adam J C. Understanding the Causes of Streamflow Changes in the Eurasian Arctic[D]. University of Washington, 2007.

[22] Adam J C, Lettenmaier D P. Application of new precipitation and reconstructed streamflow products to streamflow trend attribution in northern Eurasia[J]. Journal of Climate, 2008, 21(8): 1807-1828.

[23] 程慧艳, 王根绪, 王一博, 等. 黄河源区不同植被类型覆盖下季节冻土冻融过程中的土壤温湿空间变化 [J]. 兰州大学学报 (自然科学版), 2008, (02): 15-21.

[24] 周曙光, 张耀生, 赵新全, 等. 黄河源区不同草地类型土壤水分状况及其与降水的关系 [J]. 湖南农业科学, 2010, (21): 41-44.

[25] 罗栋梁, 金会军, 吕兰芝, 等. 黄河源区多年冻土活动层和季节冻土冻融过程时空特征 [J]. 科学通报, 2014, (14): 1327-1336.

[26] Woo M, Kane D L, Carey S K, et al. Progress in permafrost hydrology in the new millennium[J]. Permafrost and Periglacial Processes, 2008, 19(2): 237-254.

[27] Ye B, Yang D, Zhang Z, et al. Variation of hydrological regime with permafrost coverage over Lena Basin in Siberia[J]. Journal of Geophysical Research-Atmospheres, 2009, 114, (D07102).

[28] Ye B, Yang D, Kane D L. Changes in Lena River streamflow hydrology: Human impacts versus natural variations[J]. Water Resources Research, 2003, 39, (7): 1200.

[29] Zhang T, Frauenfeld O W, Serreze M C, et al. Spatial and temporal variability in active layer thickness over the Russian Arctic drainage basin[J]. Journal of

Geophysical Research: Atmospheres, 2005, 110(D16): D16101.

[30] 巩同梁, 刘昌明, 刘景时. 拉萨河冬季径流对气候变暖和冻土退化的响应 [J]. 地理学报, 2006, (05): 519-526.

[31] 陆胤昊, 叶柏生, 李翀. 冻土退化对海拉尔河流域水文过程的影响 [J]. 水科学进展, 2013, (03): 319-325.

[32] Shanley J B, Chalmers A. The effect of frozen soil on snowmelt runoff at Sleepers River, Vermont[J]. Hydrological Processes, 1999, 13(12-13): 1843-1857.

[33] Bayard D, Stahli M, Parriaux A, et al. The influence of seasonally frozen soil on the snowmelt runoff at two Alpine sites in southern Switzerland[J]. Journal of Hydrology, 2005, 309(1-4): 66-84.

[34] Wang G, Hu H, Li T. The influence of freeze-thaw cycles of active soil layer on surface runoff in a permafrost watershed[J]. Journal of Hydrology, 2009, 375(3-4): 438-449.

[35] Bense V F, Ferguson G, Kooi H. Evolution of shallow groundwater flow systems in areas of degrading permafrost[J]. Geophysical Research Letters, 2009, 36(L22401).

[36] Ge S, Mckenzie J, Voss C, et al. Exchange of groundwater and surface-water mediated by permafrost response to seasonal and long term air temperature variation[J]. Geophysical Research Letters, 2011, 38(L14402).

[37] Frampton A, Painter S, Lyon S W, et al. Non-isothermal, three-phase simulations of near-surface flows in a model permafrost system under seasonal variability and climate change[J]. Journal of Hydrology, 2011, 403(3-4): 352-359.

[38] 赵仁荣, 陈海潮, 朱松立, 等. 黄河源区径流变化及原因分析 [J]. 人民黄河, 2007, (04): 15-16.

[39] 周德刚, 黄荣辉. 黄河源区水文收支对近代气候变化的响应 [J]. 科学通报, 2012, (15): 1345-1352.

[40] 许民, 叶柏生, 赵求东. 基于 GRACE 重力卫星数据的黄河源区实际蒸发量估算 [J]. 冰川冻土, 2013, (01): 138-147.

[41] 钟敏, 段建宾, 许厚泽, 等. 利用卫星重力观测研究近 5 年中国陆地水量中长空间尺度的变化趋势 [J]. 科学通报, 2009, (09): 1290-1294.

[42] Tapley B, Ries J, Bettadpur S, et al. GGM02 - An improved Earth gravity field model from GRACE[J]. Journal of Geodesy, 2005, 79(8): 467-478.

[43] Wahr J, Molenaar M, Bryan F. Time variability of the Earth's gravity field: Hydrological and oceanic effects and their possible detection using GRACE[J]. Journal of Geophysical Research-Solid Earth, 1998, 103(B12): 30205-30229.

[44] Swenson S, Wahr J. Methods for inferring regional surface-mass anomalies from Gravity Recovery and Climate Experiment (GRACE) measurements of time-variable gravity[J]. Journal of Geophysical Research-Solid Earth, 2002, 107(2193B9).

[45] Wahr J, Swenson S, Zlotnicki V, et al. Time-variable gravity from GRACE: First results[J]. Geophysical Research Letters, 2004, 31(L1150111).

[46] Tapley B D, Bettadpur S, Ries J C, et al. GRACE measurements of mass variability in the Earth system[J]. Science, 2004, 305(5683): 503-505.

[47] Rodell M, Famiglietti J S. An analysis of terrestrial water storage variations in Illinois with implications for the Gravity Recovery and Climate Experiment (GRACE)[J]. Water Resources Research, 2001, 37(5): 1327-1339.

[48] Chen J L, Wilson C R, Famiglietti J S, et al. Spatial sensitivity of the Gravity Recovery and Climate Experiment (GRACE) time-variable gravity observations[J]. Journal of Geophysical Research-Solid Earth, 2005, 110(B08408B8).

[49] Chen J L, Rodell M, Wilson C R, et al. Low degree spherical harmonic influences on Gravity Recovery and Climate Experiment (GRACE) water storage estimates[J]. Geophysical Research Letters, 2005, 32(L1440514).

[50] Rodell M, Famiglietti J S, Chen J, et al. Basin scale estimates of evapotranspiration using GRACE and other observations[J]. Geophysical Research Letters, 2004, 31(L2050420).

[51] Rodell M, Chen J L, Kato H, et al. Estimating groundwater storage changes in the Mississippi River basin (USA) using GRACE[J]. Hydrogeology Journal, 2007, 15(1): 159-166.

[52] Han D, Wahr J. The viscoelastic relaxation of a realistically stratified earth, and a further analysis of postglacial rebound[J]. Geophysical Journal International, 1995, 120(2): 287-311.

[53] Rodell M, Famiglietti J S. Detectability of variations in continental water storage from satellite observations of the time dependent gravity field[J]. Water Resources Research, 1999, 35(9): 2705-2723.

[54] Swenson S, Wahr J, Milly P C D. Estimated accuracies of regional water storage variations inferred from the Gravity Recovery and Climate Experiment (GRA-CE)[J]. Water Resources Research, 2003, 39(8): 1223.

[55] Swenson S, Wahr J. Post-processing removal of correlated errors in GRACE data[J]. Geophysical Research Letters, 2006, 33(8): L8402.

[56] Cheng M, Tapley B D, Ries J C. Deceleration in the Earth's oblateness[J]. Journal of Geophysical Research: Solid Earth, 2013, 118(2): 740-747.

[57] Rodell M, Houser P R, Jambor U, et al. The Global Land Data Assimilation System[J]. Bulletin of the American Meteorological Society, 2004, 85(3): 381-394.

[58] Hirsch R M, Slack J R, Smith R A. Techniques of Trend Analysis for Monthly Water Quality Data[J]. Water Resources Research, 1982: 107-121.

[59] 牛丽, 叶柏生, 李静, 等. 中国西北地区典型流域冻土退化对水文过程的影响 [J]. 中国科学: 地球科学, 2011, (01): 85-92.

[60] Wood E F, Lettenmaier D P, Zartarian V G. A land-surface hydrology param-eterization with subgrid variability for general circulation models[J]. Journal of Geophysical Research: Atmospheres, 1992, 97(D3): 2717-2728.

[61] Zhao R, Zhuang Y, Fang L, et al. The Xinanjiang model: Hydrological Fore-casting Proceedings of the Oxford Symposium[Z]. IAHS, 1980351-356.

[62] Liang X, Lettenmaier D P, Wood E F, et al. A simple hydrologically based model of land surface water and energy fluxes for general circulation models[J]. Journal of Geophysical Research: Atmospheres, 1994, 99(D7): 14415-14428.

[63] Liang X, Wood E F, Lettenmaier D P. Surface soil moisture parameterization of the VIC-2L model: Evaluation and modification[J]. Global and Planetary Change, 1996, 13(1-4): 195-206.

[64] Gao H, Tang Q, Shi X, et al. Water Budget Record from Variable Infiltration Capacity (VIC) Model[M]. Algorithm Theoretical Basis Document for Terrestrial Water Cycle Data Records, 2009.

[65] Cherkauer K A, Bowling L C, Lettenmaier D P. Variable infiltration capacity cold land process model updates[J]. Global and Planetary Change, 2003, 38(1-2): 151-159.

[66] Wigmosta M S, Vail L W, Lettenmaier D P. A distributed hydrology-vegetation model for complex terrain[J]. Water Resources Research, 1994, 30(6):

1665-1679.

[67] Franchini M, Pacciani M. Comparative-analysis of several conceptual rainfall runoff models[J]. Journal of Hydrology, 1991, 122(1-4): 161-219.

[68] Cherkauer K A, Lettenmaier D P. Hydrologic effects of frozen soils in the upper Mississippi River basin[J]. Journal of Geophysical Research: Atmospheres, 1999, 104(D16): 19599-19610.

[69] Maurer E P, Wood A W, Adam J C, et al. A Long-Term Hydrologically Based Dataset of Land Surface Fluxes and States for the Conterminous United States[J]. Journal of Climate, 2002, 15(22): 3237-3251.

[70] Hansen M, Defries R, Townshend J R G, et al. UMD Global Land Cover Classification, 1 Kilometer, 1.0[Z]. 1998.

[71] Gao G, Chen D, Xu C, et al. Trend of estimated actual evapotranspiration over China during 1960—2002[J]. Journal of Geophysical Research-Atmospheres, 2007, 112(D11120D11).

[72] Zhang Y, Liu C, Tang Y, et al. Trends in pan evaporation and reference and actual evapotranspiration across the Tibetan Plateau[J]. Journal of Geophysical Research-Atmospheres, 2007, 112(D12110D12).

[73] Chen J S, Li L, Wang J Y, et al. Water resources - Groundwater maintains dune landscape[J]. Nature, 2004, 432(7016): 459-460.

[74] Mcdonnell J J, Beven K. Debates-The future of hydrological sciences: A (common) path forward? A call to action aimed at understanding velocities, celerities and residence time distributions of the headwater hydrograph[J]. Water Resources Research, 2014, 50(6): 5342-5350.